# APPLICATION

## DE LA THÉORIE ALGÉBRIQUE

### DES

# FORMES QUADRATIQUES

### A LA CLASSIFICATION

### DES LIGNES ET DES SURFACES DU SECOND ORDRE

*A l'usage des Classes de mathématiques spéciales et des candidats à l'École polytechnique et à l'École normale*

PAR

## Ch. RIQUIER

PROFESSEUR DE MATHÉMATIQUES SPÉCIALES AU LYCÉE DE CAEN

## CAEN

TYP. F. LE BLANC-HARDEL, LIBRAIRE

RUE FROIDE, 2 ET 4

—

1882

# APPLICATION

## DE LA THÉORIE ALGÉBRIQUE

### DES

# FORMES QUADRATIQUES

## A LA CLASSIFICATION

## DES LIGNES ET DES SURFACES DU SECOND ORDRE

*A l'usage des Classes de mathématiques spéciales et des candidats à l'École polytechnique et à l'École normale*

PAR

## CH. RIQUIER

PROFESSEUR DE MATHÉMATIQUES SPÉCIALES AU LYCÉE DE CAEN

## CAEN

TYP. F. LE BLANC-HARDEL, LIBRAIRE

RUE FROIDE, 2 ET 4

—

1882

*Cet humble travail contient l'exposé d'une question récemment introduite dans le programme d'admission à l'École polytechnique.*

Novembre 1882.

**1.** Étant données plusieurs fonctions linéaires, on appelle *combinaison linéaire* de ces fonctions toute fonction linéaire obtenue en les multipliant respectivement par des constantes *non nulles à la fois*, et ajoutant les produits.

On dit que les fonctions proposées sont *linéairement indépendantes*, lorsqu'il est impossible de former avec elle une combinaison linéaire nulle identiquement.

Il résulte immédiatement de ces définitions : 1° que, lorsque plusieurs fonctions linéaires sont linéairement indépendantes, $p$ quelconques d'entre elles le sont ; 2° que, lorsqu'on multiplie des fonctions linéaires respectivement par des constantes toutes différentes de zéro, si les fonctions proposées sont linéairement indépendantes, les fonctions obtenues par ces multiplications le sont aussi, et réciproquement.

THÉORÈME. — *Pour que des fonctions linéaires données soient linéairement indépendantes, il faut* *et il suffit : 1° que dans le tableau formé par les coefficients de ces fonctions le nombre des lignes ne surpasse pas celui des colonnes ; 2° que les déterminants formés en. prenant de toutes les manières possibles toutes les lignes du tableau avec un nombre égal de colonnes ne soient pas tous nuls (*).*

Il résulte en effet de la définition que, lorsque des fonctions linéaires sont linéairement indépendantes, il n'est aucune d'entre elles dont les coefficients soient exprimables par une même fonction linéaire et homogène des coefficients semblables dans quelques autres (ou nuls), et réci-

(*) Par exemple, les fonctions

$$a_1\ x\ +\ b_1\ y\ +\ c_1$$
$$a_2\ x\ +\ b_2\ y\ +\ c_2$$
$$a_3\ x\ +\ b_3\ y\ +\ c_3$$
$$a_4\ x\ +\ b_4\ y\ +\ c_4$$

ne sont pas linéairement indépendantes.—Pour que les trois premières le soient, il faut et il suffit que le déterminant

$$\begin{vmatrix} a_1 & b_1 & c_1 \\ a_2 & b_2 & c_2 \\ a_3 & b_3 & c_3 \end{vmatrix}$$

soit différent de zéro. — Pour que les deux premières le soient, il faut et il suffit que, dans le tableau

$$\begin{array}{ccc} a_1 & b_1 & c_1 \\ a_2 & b_2 & c_2 \end{array},$$

les trois déterminants que l'on forme en prenant de toutes les manières possibles les deux lignes avec deux colonnes quelconques, ne soient pas nuls à la fois.

proquement. Le théorème à démontrer est, dès lors, une conséquence immédiate des propositions suivantes :

*Si dans un tableau comprenant des lignes en nombre au plus égal à celui des colonnes (p lignes et p+q colonnes) les éléments d'une ligne sont exprimables par une même fonction linéaire et homogène de ceux de mêmes rangs dans quelques autres (ou nuls), les déterminants d'ordre p fournis par toutes les combinaisons possibles de p colonnes sont tous nuls.*

*Réciproquement, si les déterminants dont il s'agit sont tous nuls, les éléments de quelque ligne s'expriment par une même fonction linéaire et homogène de ceux de mêmes rangs dans plusieurs autres (ou s'évanouissent).*

**Enfin**, *si dans un tableau le nombre des lignes surpasse celui des colonnes, les éléments de quelque ligne s'expriment par une même fonction linéaire et homogène de ceux de mêmes rangs dans plusieurs autres (ou s'évanouissent)* (*).

**2.** On appelle *forme linéaire* une fonction linéaire et homogène de variables en nombre quelconque.

Soient $y_1, y_2, \ldots y_{n-p}$ des formes linéaires des

(*) Ces énoncés ont été empruntés à la théorie des déterminants professée par M. Charles Méray à la Faculté des sciences de Dijon, à l'époque où cette théorie n'avait pas encore été introduite dans le programme de la classe de mathématiques spéciales.

variables $x_1, x_2, \ldots, x_n$ ; supposons qu'on y remplace $x_1, x_2, \ldots, x_{n-q}$ par des formes linéaires des variables $x_{n-q+1}, \ldots, x_n, \xi_1, \xi_2, \ldots, \xi_{n-q+r}$ : on obtient ainsi d'autres formes linéaires de ces dernières variables. Nous désignerons ces trois groupes de formes respectivement par $G_1$, $G_2$, $G_3$. Cela posé :

Théorème. — *Si les formes $G_1$ sont linéairement indépendantes, et que les déterminants d'ordre* n-q, *qui ont pour éléments les coefficients des variables $\xi_1, \ldots, \xi_{n-q+r}$ dans les formes $G_2$, ne soient pas tous nuls, les formes $G_3$ sont linéairement indépendantes.*

I. Nous supposerons d'abord $p = q = o$. On a alors :

$$(1) \quad \begin{cases} y_1 = a_{1,1}\, x_1 + a_{1,2}\, x_2 + \ldots + a_{1,n}\, x_n \\ \phantom{y_1} \vdots \\ y_n = a_{n,1}\, x_1 + a_{n,2}\, x_2 + \ldots + a_{n,n}\, x_n . \end{cases}$$

et

$$(2) \quad \begin{cases} x_1 = a_{1,1}\, \xi_1 + a_{1,2}\, \xi_2 + \ldots + a_{1,n+r}\, \xi_{n+r} \\ \phantom{x_1} \vdots \\ x_n = a_{n,1}\, \xi_1 + a_{n,2}\, \xi_2 + \ldots + a_{n,n+r}\, \xi_{n+r} \end{cases}$$

($r$ pouvant être nul).

La proposition est évidente, si l'on remarque que le déterminant qui a pour éléments les coefficients de $n$ variables quelconques dans les formes $G_3$, est égal au produit du déterminant qui a pour éléments les coefficients des mêmes variables dans les formes $G_2$, par le déterminant des formes $G_1$.

II. Supposons $p$ différent de zéro, et $q = o$. Les formes $G_1$ sont :

$$(3) \begin{cases} y_1 = a_{1,1}\, x_1 + \ldots\ldots + a_{1,n}\, x_n \\ \phantom{y_1}\;\vdots \qquad\quad \vdots \qquad\qquad \vdots \\ y_{n\text{-}p} = a_{n\text{-}p,1}\, x_1 + \ldots + a_{n\text{-}p,n}\, x_n, \end{cases}$$

et les formes $G_2$ sont données par les formules (2). Supposons que, dans les formes $G_1$, le déterminant d'ordre $n\text{-}p$, formé avec les $n\text{-}p$ premières colonnes de coefficients, soit différent de zéro, et adjoignons-leur les $p$ formes auxiliaires :

$$(4) \begin{cases} y_{n\text{-}p\,+\,1} = \phantom{xxxxxxxx} x_{n\text{-}p\,+\,1} \\ \phantom{y}\;\vdots \\ y_n \phantom{xxxx} = \phantom{xxxxxxxxxxxx} x_n. \end{cases}$$

Les $n$ formes (3) et (4) étant linéairement indépendantes, si on y remplace les $x$ par les seconds membres de (2), les $n$ formes ainsi obtenues sont linéairement indépendantes (n° **2**, I), et par suite les $n$-$p$ premières (n° **1**).

III. Supposons enfin $p$ quelconque, et $q$ différent de zéro. Les formes $G_1$ sont données par les formules (3), et les formes $G_2$ sont :

$$(5) \quad \begin{cases} x_1 = x_{1,1}\,\xi_1 + \ldots + \alpha_{1,n-q+r}\,\xi_{n-q+r} + \beta_{1,n-q+1}\,x_{n-q+1} + \ldots + \beta_{1,n}\,x_n \\ \phantom{x_1}\vdots \\ x_{n-q} = x_{n-q,1}\,\xi_1 + \ldots + x_{n-q,n-q+r}\,\xi_{n-q+r} + \beta_{n-q,n-q+1}\,x_{n-q+1} + \ldots + \beta_{n-q,n}\,x_n ; \end{cases}$$

on suppose que, dans le tableau des $x$, le déterminant d'ordre $n$-$q$ formé avec les $n$-$q$ premières colonnes est différent de zéro. La substitution (5) revient évidemment à celle qui résulterait de l'adjonction aux formules (5) des formules identiques :

$$(6) \quad \begin{cases} x_{n-q+1} = x_{n-q+1} \\ \phantom{x_n}\vdots \\ x_n = x_n . \end{cases}$$

Or, les seconds membres des formules (5) et (6) sont linéairement indépendants ; car le déterminant d'ordre $n$ formé avec les $n$-$q$ premières colonnes de coefficients et les $q$ dernières est différent de zéro ; donc les formes $G_3$ sont linéairement indépendantes (n° **2**, I et II).

**3**. Théorème. — *Étant données* n-p *formes linéaires linéairement indépendantes,* $y_1$, $y_2$, $\ldots$, $y_{n-p}$, *de* n *variables* $x_1$, $\ldots$, $x_n$, *et un nombre moindre de formes linéaires* $z_1$, $z_2$, $\ldots$, $z_{n-p-q}$, *des mêmes variables, il existe nécessairement quelque système de valeurs de ces variables annulant à la fois les formes du second groupe sans annuler à la fois celles du premier* ($p$ est supérieur ou égal à zéro, $q$ est supérieur à zéro).

Soient :

$$(7) \begin{cases} z_1 & = x_{1,1} \quad x_1 + \ldots + x_{1,n} \quad x_n \\ \quad \vdots & \quad \vdots \qquad\qquad\qquad \vdots \\ z_{n-p-q} & = x_{n-p-q,1} \quad x_1 + \ldots + x_{n-p-q,n} \quad x_n \end{cases}$$

les formes du second groupe Supposons que, dans le tableau des $\alpha$, les déterminants d'ordres supérieurs à $n-p-q-r = h$ soient tous nuls ($r$ est supérieur ou égal à zéro), mais que l'un au moins des déterminants de l'ordre $h$ soit différent de zéro, par exemple celui qui correspond aux $h$ premières lignes et colonnes. Des $h$ premières formules (7), on peut alors tirer $x_1$, $x_2$, $\ldots$, $x_h$ en fonctions de $x_{h+1}$, $\ldots$, $x_n$, $z_1$, $\ldots$, $z_h$ ; et, en remplaçant $x_1$, $\ldots$, $x_h$ par ces valeurs dans les formes du premier groupe, elles deviennent :

$$(8) \quad \begin{cases} y_1 = \lambda_{1,1}\, z_1 + \ldots + \lambda_{1,h}\, z_h + \mu_{1,h+1}\, x_{h+1} + \ldots + \mu_{1,n}\, x_n \\ \quad\vdots \qquad\qquad\qquad\quad\vdots \qquad\qquad\quad\vdots \qquad\qquad\qquad\vdots \\ y_{n-p} = \lambda_{n-p,1}\, z_1 + \ldots + \lambda_{n-p,h}\, z_h + \mu_{n-p,h+1}\, x_{h+1} + \ldots + \mu_{n-p,n}\, x_n \end{cases}$$

Les $\mu$ ne sont pas tous nuls ; car s'ils l'étaient, comme $h$ est $< n\text{-}p$, les seconds membres des formules (8) ne seraient pas linéairement indépendants par rapport aux variables $z$ (n° **1**), et, dès lors, il est évident que les formes du premier groupe ne le seraient pas par rapport aux variables $x$, ce qui est contre l'hypothèse. Supposons, par exemple, $\mu_{1,h+1}$ différent de zéro. D'après l'hypothèse faite sur les $z$, chacune des $r$ dernières d'entre les formes $z$ a ses coefficients exprimables par une même fonction linéaire et homogène des coefficients semblables dans les $h$ premières, et, dès lors, dans le système formé en égalant à zéro les seconds membres des formules (7), chacune des $r$ dernières équations admet toutes les solutions communes aux $h$ premières. On peut donc annuler $z_1, \ldots, z_{n-p-q}$ en donnant à $x_{h+1}, \ldots, x_n$ des valeurs arbitraires, et à $x_1, \ldots, x_h$ les valeurs correspondantes tirées des $h$ premières équations. Donnons à $x_{h+1}$ une valeur différente de zéro, et faisons $x_{h+2} = x_{h+3} = \ldots = x_n = 0$ : les formes $z$ sont alors nulles, et $y_1$ diffèrent de zéro.

Remarque. — Si les formes $y$ et les formes $z$ ont leurs coefficients réels, il résulte du raisonnement précèdent qu'on peut donner aux variables $x$ des valeurs *réelles* qui annulent à la fois les $z$, sans annuler à la fois les $y$.

## FORMES QUADRATIQUES.

**4.** On appelle *forme quadratique* une fonction homogène et du second degré de variables en nombre quelconque.

Nous désignerons une forme quadratique à $n$ variables par la notation

$$f(x_1, x_2, \ldots, x_n) = a_{1,1} x_1^2 + a_{2,2} x_2^2 + \ldots + 2 a_{1,2} x_1 x_2 + \ldots,$$

ou

$$f(x_1, x_2, \ldots, x_n) = \Sigma\, a_{i,k}\, x_i\, x_k,$$

avec la convention $a_{k,i} = a_{i,k}$.

*Décomposition d'une forme quadratique en une somme de carrés de formes linéaires.*

Supposons le coefficient de l'un des carrés, par exemple $a_{1,1}$, différent de zéro. On a :

$$(9)\quad f(x_1, \ldots, x_n) = \frac{1}{a_{1,1}} (a_{1,1} x_1 + a_{1,2} x_2 + \ldots + a_{1,n} x_n)^2 + \varphi(x_2, \ldots, x_n),$$

$\varphi(x_2, \ldots, x_n)$ désignant une forme quadratique à $n-1$ variables (au plus).

Supposons le coefficient de l'un des rectangles différent de zéro, par exemple $a_{1,2}$. On a :

$$f(x_1, \ldots, x_n) = 2 a_{1,2} x_1 x_2 + P x_1 + Q x_2 + \varphi(x_3, \ldots, x_n),$$

P et Q désignant des formes linéaires en $x_3, \ldots x_n$, et $\varphi(x_3, \ldots, x_n)$ une forme quadratique. La formule précédente peut s'écrire :

$$f(x_1, \ldots, x_n) = \frac{(2\,a_{1,2}\,x_1 + Q)(2\,a_{1,2}\,x_2 + P)}{2\,a_{1,2}} - \frac{PQ}{2\,a_{1,2}} + \varphi(x_3, \ldots x_n)$$

$$(10) \qquad = \frac{(2\,a_{1,2}\,x_1 + Q)(2\,a_{1,2}\,x_2 + P)}{2\,a_{1,2}} + \psi(x_3, \ldots, x_n),$$

$\psi(x_3, \ldots, x_n)$ désignant une forme quadratique. Le premier terme du second membre est un produit de deux formes linéaires, qui peut se remplacer par une différence de carrés.

On voit d'après cela qu'en appliquant un certain nombre de fois les deux modes de calcul qui viennent d'être indiqués, on peut toujours décomposer en une somme de carrés de formes linéaires une forme quadratique quelconque. On voit de plus que, si la forme a tous ses coefficients réels, on peut toujours la décomposer en une somme algébrique de carrés de formes linéaires à coefficients réels.

Enfin, toute décomposition obtenue en employant exclusivement les deux procédés de calcul qui viennent d'être indiqués, ne contient que des carrés de formes linéairement indépendantes. . En effet, les carrés successivement obtenus le sont, les uns isolément, les autres par couples. Supposons, par exemple, qu'on ait d'abord obtenu isolément par le premier procédé les carrés de deux formes linéaires, qu'on ait obtenu ensuite par le second procédé un couple de carrés de formes linéaires, etc...; et soit $\lambda_1$, $\lambda_2$, $\lambda_3$, $\lambda_4$, ... un système de facteurs fournissant, avec ces formes, une combinaison linéaire nulle identiquement. La première forme contenant (au moins) une variable de plus que toutes celles qui suivent, on a nécessairement $\lambda_1 = o$. On a de même $\lambda_2 = o$. Quant aux deux formes du couple, elles proviennent d'un produit $\alpha\beta$, en vertu de l'identité :

$$\alpha\beta = \left(\frac{\alpha + \beta}{2}\right)^2 - \left(\frac{\alpha - \beta}{2}\right)^2,$$

et elles contiennent (au moins) deux variables de plus que toutes les formes suivantes, soient $x_k$ et $x_{k+1}$. On a, d'après la formule (10) :

$$\alpha = \ldots\ldots + g.\, x_k + o.\, x_{k+1} + \ldots\ldots$$
$$\beta = \ldots\ldots + o.\, x_k + h.\, x_{k+1} + \ldots\ldots,$$

$g$ et $h$ étant deux constantes différentes de zéro, d'où :

$$\frac{\alpha + \beta}{2} = \ldots + \frac{g}{2}x_k + \frac{h}{2}\, x_{k+1} + \ldots$$

$$\frac{\alpha - \beta}{2} = \ldots + \frac{g}{2}x_k - \frac{h}{2}\, x_{k+1} + \ldots$$

Dès lors, dans la combinaison linéaire identiquement nulle dont il est question, les coefficients de $x_k$ et de $x_{k+1}$ sont respectivement

$(\lambda_3 + \lambda_4)\,\dfrac{g}{2}$, $(\lambda_3 - \lambda_4)\,\dfrac{h}{2}$, et, comme ils sont nuls, on a $\lambda_3 = \lambda_4 = o$. On trouvera de même que tous les $\lambda$ sont nuls. Les formes sont donc linéairement indépendantes.

**5.** Théorème. — *Une forme quadratique à n variables ne peut être décomposée en une somme de plus de* n *carrés de formes linéaires linéairement indépendantes* (nous dirons désormais, pour abréger, *carrés indépendants*).

On sait, en effet que, $q$ étant différent de zéro, $n+q$ formes linéaires à $n$ variables ne peuvent être linéairement indépendantes (n° **1**).

**6.** Théorème. — *Une forme quadratique à* n *variables ramenée à une somme de* n-p *carrés indépendants ne peut être ramenée à une somme de moins de* n-p *carrés.*

I. Supposons d'abord $p = o$. Soit

$$(11) \qquad y_1^2 + y_2^2 + \cdots + y_n^2$$

une décomposition de la forme proposée en $n$ carrés indépendants, les $y$ étant définis par les formules (1), où $\Delta$, le déterminant des $a$, est différent de zéro, et soit d'autre part

$$(12) \qquad z_1^2 + z_2^2 + \cdots + z_{n-q}^2$$

une décomposition en $n-q$ carrés, $q$ étant différent de zéro. Je dis qu'il y a absurdité.

Nous examinerons d'abord le cas où les formes $z$ sont linéairement indépendantes. Des équations (1), on peut tirer les $x$ en fonctions des $y$ par les formules :

$$(1\ bis)\ \begin{cases} x_1 = \dfrac{A_{1,1}}{\Delta} y_1 + \dfrac{A_{2,1}}{\Delta} y_2 + \ldots + \dfrac{A_{n,1}}{\Delta} y_n \\[2ex] \vdots \qquad \vdots \qquad \vdots \qquad \vdots \\[2ex] x_n = \dfrac{A_{1,n}}{\Delta} y_1 + \dfrac{A_{2,n}}{\Delta} y_2 + \ldots + \dfrac{A_{n,n}}{\Delta} y_n, \end{cases}$$

où $A_{i,k}$ désigne le coefficient de l'élément $a_{i,k}$ dans le déterminant $\Delta$ : les seconds membres de ces formules, dont le déterminant a pour valeur $\dfrac{1}{\Delta}$ en vertu d'une propriété bien connue, sont linéairement indépendants. Remplaçant les $x$ par ces valeurs dans les formes $z$, il vient :

$$(13)\ \begin{cases} z_1 = b_{1,1}\ y_1 + \ldots \ldots + b_{1,n}\ y_n \\[2ex] \vdots \qquad \vdots \qquad \vdots \\[2ex] z_{n-q} = b_{n-q,1}\ y_1 + \ldots \ldots + b_{n-q,n}\ y_n, \end{cases}$$

formules dont les seconds membres sont linéairement indépendants (n° **2**) ; supposons, par exemple, différent de zéro le déterminant d'ordre $n-q$ formé avec les $n-q$ premières colonnes de coefficients. Si, dans l'expression (12), on remplace les $z$ par les valeurs (13), on obtient une expression (12 *bis*),

2

homogène et du second degré par rapport aux $y$, comme l'expression (11). Dans les expressions (11) et (12 *bis*), les coefficients des termes semblables sont égaux ; car, la substitution aux $y$ des seconds membres de (1) dans l'une ou l'autre de ces deux expressions reproduit la forme quadratique proposée, et comme dans les équations (1) on peut donner aux $x$ des valeurs telles que les $y$ prennent des valeurs arbitraires, les expressions (11) et (12 *bis*) sont égales, quelles que soient les valeurs attribuées aux $y$. En particulier, les coefficients des rectangles

$$y_1\, y_{n-q+1}\,,\ y_2\, y_{n-q+1}\,,\ \ldots\ldots\,,\ y_{n-q}\, y_{n-q+1}$$

sont nuls dans l'expression (12 *bis*), puisqu'ils le sont dans l'expression (11), et l'on a :

$$\left\{ \begin{aligned} &b_{1,1}\ b_{1,n-q+1} + \ldots\ldots + b_{n-q,1}\ b_{n-q,n-q+1} = 0 \\ &\quad\vdots\qquad\qquad\qquad\qquad\vdots \\ &b_{1,n-q}\, b_{1,n-q+1} + \ldots\ldots + b_{n-q,n-q}\, b_{n-q,n-q+1} = 0, \end{aligned} \right.$$

équations d'où l'on tire :

$$b_{1,n-q+1} = b_{2,n-q+1} = \ldots\ldots = b_{n-q,n-q+1} = 0 ,$$

puisque le déterminant

$$\begin{vmatrix} b_{1,1} & \ldots\ldots\ldots & b_{n-q,1} \\ \vdots & & \vdots \\ b_{1,n-q} & \ldots\ldots\ldots & b_{n-q,n-q} \end{vmatrix}$$

est par hypothèse différent de zéro. Donc, dans les seconds membres de (13) ne figure pas $y_{n\text{-}q} + 1$, ni, pour des raisons, semblables, aucune des lettres $y_{n\text{-}q} + 2, \ldots, y_n$, ce qui est absurde ; car, dans l'expression (12 *bis*), les coefficients de $y^2_{n\text{-}q} + 1$, $y^2_{n\text{-}q} + 2, \ldots, y^2_n$ sont tous nuls, tandis qu'ils sont égaux à l'unité dans l'expression (11).

Examinons maintenant le cas où les $z$ ne sont pas linéairement indépendants ($p$ étant toujours nul), et soient

$$\begin{cases} z_1 \;\;= \alpha_{1,1} \; x_1 + \ldots\ldots + x_{1,n} \;\; x_n \\ \;\; \vdots \qquad\quad \vdots \qquad\qquad\qquad\quad \vdots \\ z_{n\text{-}q} = \alpha_{n\text{-}q,1} \; x_1 + \ldots\ldots + \alpha_{n\text{-}q,r} \; x_n \end{cases}$$

les formules qui les définissent. Dans le tableau des $\alpha$, supposons que les déterminants d'ordres supérieurs à $n\text{-}q\text{-}r = h$ ($r$ étant $> o$) soient tous nuls, mais que l'un au·moins des déterminants d'ordre $h$ soit différent de zéro, par exemple celui qui correspond aux $h$ premières lignes et colonnes. Chacune des formes

$$z_h + 1, \; z_h + 2, \ldots\ldots, z_{n\text{-}q}$$

est alors exprimable par une fonction linéaire et homogène de

$$z_1, \; z_2, \ldots\ldots, z_h,$$

et, si on les remplace par ces valeurs dans l'expression (12), on a une expression (12 *ter*), homogène et du second degré par rapport à

$$z_1, z_2, \ldots, z_h,$$

que l'on peut décomposer en une somme de carrés indépendants par rapport à ces dernières variables, et, par suite, par rapport aux variables $x_1, x_2, \ldots, x_n$ (n° **2**). Le nombre de ces carrés est au plus égal à $h$, donc inférieur à $n$, et on est ramené au cas précédent.

II. Supposons $p$ différent de zéro. Soit :

$$(14) \quad y_1^2 + y_2^2 + \ldots + y_{n-p}^2,$$

une décomposition de la forme proposée en $n{-}p$ carrés indépendants, les $y$ étant définis par les formules (3) ; on suppose que, dans le tableau des $a$, l'un au moins des déterminants d'ordre $n{-}p$ est différent de zéro, par exemple celui qui correspond aux $n{-}p$ premières colonnes. Je dis que, $q$ étant différent de zéro, la forme proposée ne peut être égale à

$$(15) \quad z_1^2 + z_2^2 + \ldots + z_{n-p-q}^2.$$

En effet, les expressions (14) et (15) étant égales, quelles que soient les valeurs attribuées aux $x$, on peut faire

$$x_{n-p+1} = x_{n-p+2} = \ldots = x_n = 0,$$

et laisser indéterminées les $n{-}p$ premières variables. Les $y$ et les $z$ deviennent alors des fonctions de $n\text{-}p$ variables seulement, les $y$ étant linéairement indépendants en vertu de l'hypothèse faite sur les $a$, et on se trouve ramené au cas I.

**7.** Du théorème précédent résulte immédiatement cette propriété fondamentale :

*Le nombre des carrés indépendants, en lesquels une forme quadratique donnée peut se décomposer, est invariable.*

Il est bon de remarquer que, si une forme quadratique, décomposable en $n\text{-}p$ carrés indépendants, se trouve décomposée en $n\text{-}p$ carrés, ces derniers sont nécessairement indépendants. On fera voir en effet (comme au n° **6**) que, s'ils ne l'étaient pas, on pourrait ramener la forme à une somme de moins de $n\text{-}p$ carrés.

**8.** Théorème. — *Étant données deux décompositions en carrés indépendants d'une même forme quadratique, si quelques-uns des carrés qui y figurent sont les mêmes de part et d'autre, ils y sont précédés des mêmes coefficients.*

Soient

$$f(x_1, \ldots, x_n) = a_1\, y_1^2 + \ldots + a_{n\text{-}p}\, y_{n\text{-}p}^2$$
$$= b_1\, z_1^2 + \ldots + b_{n\text{-}p}\, z_{n\text{-}p}^2$$

les deux décompositions considérées. Si l'on a (quels que soient les $x$) $y_1^2 = z_1^2$, on a nécessairement $a_1 = b_1$; car si $a_1 - b_1$ était différent de zéro, la forme quadratique $f(x_1 \ldots, x_n) - a_1 y_1^2$ serait décomposable, d'une part en $n$-$p$-1, d'autre part en $n$-$p$ carrés indépendants, ce qui est impossible.

**9.** Théorème. — *Étant donnée une forme quadratique à coefficients réels, si on la décompose de diverses manières en une somme algébrique de carrés de formes linéaires à coefficients réels et linéairement indépendantes, le nombre des carrés précédés de coefficients positifs dans la somme est invariable, ainsi que le nombre des carrés précédés de coefficients négatifs.*

Considérons les deux décompositions

$$(16) \quad r_1^2 + r_2^2 + \ldots + r_i^2 - s_1^2 - \ldots - s_k^2,$$
$$(17) \quad u_1^2 + u_2^2 + \ldots + u_p^2 - v_1^2 - \ldots - v_q^2,$$

satisfaisant aux conditions de l'énoncé, et où l'on a, par suite, $i + k = p + q$ (n° **7**). Je dis qu'on ne peut avoir $p < i$. En effet, on aurait alors $p + k < i + k$. Or, considérons, d'une part :

$$r_1, r_2, \ldots, r_i, s_1, \ldots, s_k;$$

d'autre part :

$$u_1, u_2, \ldots, u_p, s_1, \ldots, s_k.$$

Les formes du premier groupe sont linéairement

indépendantes et en nombre supérieur à celles du second. Donc (n° **3**, REMARQUE) on peut trouver des valeurs réelles des variables annulant à la fois les formes du second groupe sans annuler à la fois celles du premier, et par suite sans annuler à la fois $r_1, r_2, \ldots, r_i$ . Pour ces valeurs des variables, on a, en égalant les expressions (16) et (17) :

$$r_1{}^2 + r_2{}^2 + \ldots + r_i{}^2 = - v_1{}^2 - v_2{}^2 - \ldots - v_q{}^2,$$

ce qui est absurde, puisque la valeur du premier membre est alors positive, et celle du second au plus égale à zéro. On ne peut donc avoir $p < i$ ; de même, on ne peut avoir $i < p$ ; on a donc nécessairement $p = i$, d'où $q = k$ (*).

**10.** THÉORÈME. — *Étant donnée une forme quadratique à* n *variables* $x_1, \ldots, x_n$, *décomposable en* n-p *carrés indépendants, lorsqu'on remplace* (comme au n° **2**) *les variables* $x_1, \ldots, x_{n-q}$ *par des formes linéaires des variables* $x_{n-q+1}, \ldots,$ $x_n, \xi_1, \ldots, \xi_{n-q+r}$, *ces formes linéaires étant assujetties à la condition que, dans le tableau formé par les coefficients des variables* $\xi$, *les déterminants d'ordre* n-q *ne soient pas tous nuls :*

1° *La forme quadratique* (à $n + r$ *variables*) *ainsi obtenue est, comme la proposée, décomposable en* n-p *carrés indépendants ;*

<hr>

(*) Cette démonstration est due à Jacobi.

2° *Si la forme proposée a ses coefficients réels, ainsi que les seconds membres des formules de substitution, et si on considère seulement ses décompositions en carrés de formes linéaires indépendantes à coefficients réels, le nombre des carrés précédés du signe + est le même dans les deux formes, ainsi que le nombre des carrés précédés du signe —.*

Soit :

$$a_1 y_1^2 + a_2 y_2^2 + \ldots + a_{n-p} y_{n-p}^2$$

une décomposition de la forme proposée en carrés indépendants, les $y$ étant définis par les formules (3). La proposition est évidente, si l'on remarque que les formes linéaires déduites de (3) par la substitution (5) sont linéairement indépendantes (n° **2**).

**11.** Étant données, d'une part, une forme quadratique à $n$ variables $x_1, \ldots, x_n$, décomposable en $n-p$ carrés indépendants, d'autre part, une forme linéaire $y$ (non identiquement nulle) aux mêmes variables, si de l'équation $y = o$ on tire l'une des variables en fonction des autres, et qu'on substitue cette valeur dans la forme quadratique donnée, on obtient une forme quadratique contenant une variable de moins que la forme donnée. Or, on peut faire autant de pareilles substitutions que la forme $y$ contient de coefficients différents de zéro. Cela étant, *quelle que soit celle d'entre* *ces substitutions que l'on effectue : 1° la forme quadratique qui en résulte est toujours décomposable en un même nombre de carrés indépendants ; 2° si on suppose tous les coefficients réels, le nombre des carrés précédés du signe $+$ y est toujours le même, ainsi que le nombre des carrés précédés du signe $-$.*

Soit, en effet :

$$y = b_1 x_1 + \ldots + b_{n-1} x_{n-1} + b_n x_n$$

la forme linéaire donnée, où l'on suppose $b_{n-1}$ et $b_n$ différents de zéro. L'équation $y = o$, résolue successivement par rapport à $x_{n-1}$ et $x_n$, donne :

$$(18) \qquad x_{n-1} = \lambda_1 x_1 + \ldots + \lambda_{n-2} x_{n-2} + \lambda_n x_n$$

$$(18 \; bis) \quad x_n = \mu_1 x_1 + \ldots + \mu_{n-2} x_{n-2} + \mu_{n-1} x_{n-1},$$

formules où $\lambda_n$ et $\mu_{n-1}$ sont différents de zéro. Désignons par (19) et (19 *bis*) les formes quadratiques déduites de la proposée respectivement par les substitutions (18) et (18 *bis*). Pour obtenir (19 *bis*), on peut opérer la substitution (18 *bis*) sur (19), au lieu de l'opérer sur la forme proposée (car la forme (19) ne diffère de la proposée qu'en ce que $x_{n-1}$ y a été remplacé par le second membre de (18), et, si on effectue la substitution (18 *bis*), ce second membre redevient identiquement $x_{n-1}$). Le coefficient $\mu_{n-1}$ étant différent de zéro, la proposition à démontrer est une conséquence immédiate du n° **10**.

Il est bon de remarquer que *la forme obtenue*

*par l'une des substitutions* $y = o$ *ne peut être dé-composable en plus de* n-p *carrés indépendants.*
En effet, résolvons par rapport à $x_n$ l'équation

$$y = b_1 x_1 + \ldots + b_n x_n,$$

ce qui donne :

$$(20) \quad x_n = \mu_1 x_1 + \ldots + \mu_{n-1} x_{n-1} + \mu \, y,$$

où $\mu$ est différent de zéro. Opérer la substitution (18 *bis*) revient à opérer la substitution (20), puis à faire dans le résultat $y = o$. Or, $\mu$ étant différent de zéro, la substitution (20) donne une forme quadratique (des variables $x_1, \ldots, x_{n-1}, y$) décomposable, comme la proposée, en $n-p$ carrés indépendants. Si on la suppose décomposée, et qu'on fasse $y = o$, on obtient une somme de $n-p$ carrés (indépendants ou non), qui ne peut être égale à une somme de plus de $n-p$ carrés indépendants (n° **6**).

**12.** THÉORÈME. — *Pour qu'il existe quelque décomposition de la forme quadratique donnée en* n-p *carrés indépendants, où figure (à une constante près) le carré de* y *(voir le numéro précédent), il faut et il suffit que, si l'on effectue l'une des substitutions* y = o, *la forme quadratique ainsi obtenue soit décomposable en* n-p-1 *carrés indépendants.*

I. La condition est nécessaire.

Supposons, en effet, que la forme proposée puisse se décomposer en carrés de la manière suivante :

$$a_1\, z_1^2 + \ldots + a_{n-p-1}\, z_{n-p-1}^2 + a\, y^2,$$

$z_1, \ldots, z_{n-p-1}$, $y$ étant linéairement indépendants, et $b_n$ différent de zéro. Au lieu d'effectuer la substitution (18 *bis*), effectuons, comme il a été dit plus haut, la substitution (20), et faisons dans le résultat $y = o$. La substitution (20) donne une forme quadratique (21), décomposable, comme la proposée, en $n$-$p$ carrés indépendants. Soient :

$$(22)\ \begin{cases} z_1 = \alpha_{1,1}\, x_1 + \ldots + \alpha_{1,n-1}\, x_{n-1} + \beta_{1,n}\, y \\ \ \vdots \qquad\qquad \vdots \qquad\qquad \vdots \qquad\qquad \vdots \\ z_{n-p-1} = \alpha_{n-p-1,1}\, x_1 + \ldots + \alpha_{n-p-1,n-1}\, x_{n-1} + \beta_{n-p-1,n}\, y \\ y = \qquad\qquad\qquad\qquad\qquad\qquad y, \end{cases}$$

les expressions de $z_1, \ldots, z_{n-p-1}$, $y$ en fonctions des nouvelles variables. Dans le tableau des $\alpha$, les déterminants d'ordre $n$-$p$-1 ne sont pas tous nuls ; car, s'ils l'étaient, les déterminants d'ordre $n$-$p$, formés avec les coefficients des $n$-$p$ seconds membres, le seraient tous aussi. Dès lors, si on fait $y = o$, $z_1, z_2, \ldots, z_{n-p-1}$ deviennent des formes linéairement indépendantes des variables $x_1, x_2, \ldots, x_{n-1}$, et la forme quadratique (19 *bis*) est décomposable en $n$-$p$-1 carrés indépendants.

II. La condition est suffisante.

La forme quadratique (21), décomposable, comme la proposée, en $n\text{-}p$ carrés indépendants, se réduit par hypothèse, quand on remplace $y$ par zéro, à une forme décomposable en $n\text{-}p\text{-}1$ carrés indépendants, soit :

$$(23) \quad a_1\, t_1^2 + \ldots\ldots + a_{n\text{-}p\text{-}1}\, t_{n\text{-}p\text{-}1}^2.$$

Il s'agit de démontrer qu'il existe pour elle quelque décomposition en $n\text{-}p$ carrés indépendants, où figure, à une constante près, le carré $y^2$.

En effet, puisqu'elle se réduit à (23) quand on y remplace $y$ par zéro, elle peut évidemment s'écrire :

$$(24) \quad a_1\, t_1^2 + \ldots + a_{n\text{-}p\text{-}1}\, t_{n\text{-}p\text{-}1}^2 + y\,(x_1\, x_1 + \ldots + x_{n\text{-}1}\, x_{n\text{-}1} + \alpha\, y).$$

Les fonctions $t$ (des variables $x_1, \ldots, x_{n\text{-}1}$) étant linéairement indépendantes, l'un au moins des déterminants d'ordre $n\text{-}p\text{-}1$ formés avec le tableau de leurs coefficients est différent de zéro, par exemple celui qui correspond aux $n\text{-}p\text{-}1$ premières colonnes. On peut dès lors exprimer $x_1, \ldots, x_{n\text{-}p\text{-}1}$ en fonctions de $t_1, \ldots, t_{n\text{-}p\text{-}1}, x_{n\text{-}p}, \ldots, x_{n\text{-}1}$, par les formules :

$$(25) \quad \begin{cases} x_1 = \beta_{1,1}\, t_1 + \ldots + \beta_{1,n\text{-}p\text{-}1}\, t_{n\text{-}p\text{-}1} + \gamma_{1,n\text{-}p}\, x_{n\text{-}p} + \ldots + \gamma_{1,n\text{-}1}\, x_{n\text{-}1} \\ \vdots \\ x_{n\text{-}p\text{-}1} = \beta_{n\text{-}p\text{-}1,1}\, t_1 + \ldots + \beta_{n\text{-}p\text{-}1,n\text{-}p\text{-}1}\, t_{n\text{-}p\text{-}1} + \gamma_{n\text{-}p\text{-}1,n\text{-}p}\, x_{n\text{-}p} + \ldots + \gamma_{n\text{-}p\text{-}1,n\text{-}1}\, x_{n\text{-}1}, \end{cases}$$

dans les seconds membres desquelles le déterminant des $\beta$ est différent de zéro (de même

que le déterminant des formules (1 *bis*), n° **6**).
La substitution (25), opérée dans la forme (21),
donne une forme quadratique des variables $t_1$,
..., $t_{n-p-1}$, $x_{n-p}$, ... $x_{n-1}$, $y$, décomposable en $n-p$
carrés indépendants (n° **10**), et qui, si l'on se re-
porte à l'expression (24), peut s'écrire :

$$(26) \quad a_1 t_1^2 + \ldots + a_{n-p-1} t_{n-p-1}^2 + \alpha y^2 +$$
$$2y (\mu_1 t_1 + \ldots + \mu_{n-p-1} t_{n-p-1} + \mu_{n-p} x_{n-p} + \ldots + \mu_{n-1} x_{n-1}).$$

On décompose la forme (26) en carrés indépendants suivant le procédé indiqué au n° **4**. Le
coefficient de $t_1^2$ étant différent de zéro, on obtient
d'abord :

$$\frac{1}{a_1} (a_1 t_1 + \mu_1 y)^2 + a_2 t_2^2 + \ldots + a_{n-p-1} t_{n-p-1}^2 + \delta y^2 +$$
$$2y (\mu_2 t_2 + \ldots + \mu_{n-p-1} t_{n-p-1} + \mu_{n-p} x_{n-p} + \ldots + \mu_{n-1} x_{n-1}) ;$$

puis, répétant un calcul analogue pour chacune
des variables $t_2$, ..., $t_{n-p-1}$, on arrive à l'expression :

$$\frac{1}{a_1} (a_1 t_1 + \mu_1 y)^2 + \ldots + \frac{1}{a_{n-p-1}} (a_{n-p-1} t_{n-p-1} + \mu_{n-p-1} y)^2 + \rho y^2 +$$
$$2y (\mu_{n-p} x_{n-p} + \ldots + \mu_{n-1} x_{n-1}).$$

Je dis que $\rho$ n'est pas nul. En effet, supposons
$\rho = o$. Les coefficients $\mu_{n-p}$, ..., $\mu_{n-1}$ ne sont pas
tous nuls, car la forme (26) serait décomposable
en moins de $n-p$ carrés : soit $\mu_{n-p}$ différent de zéro.
Si on continue la décomposition, comme le coefficient de $y^2$ dans la forme restante est nul, ainsi

que celui de $x_{n-p}^2$, on obtiendra deux carrés, ce qui est absurde, car la forme (26) serait décomposable en plus de $n-p$ carrés indépendants. Donc $p$ est différent de zéro. Dès lors, on a nécessairement :

$$\mu_{n-p} = \mu_{n-p+1} = \ldots\ldots = \mu_{n-1} = 0.$$

Car, si l'on suppose $\mu_{n-p}$ différent de zéro, en continuant la décomposition, on obtiendra le carré :

$$\frac{1}{\rho}\left(\rho\, y + \mu_{n-p}\, x_{n-p} + \ldots\ldots + \mu_{n-1}\, x_{n-1}\right)^2,$$

et la forme quadratique restante sera :

$$-\frac{1}{\rho}\left(\mu_{n-p}\, x_{n-p} + \ldots\ldots + \mu_{n-1}\, x_{n-1}\right)^2.$$

Or, elle n'est pas identiquement nulle ( le coefficient de $x_{n-p}^2$ est $-\dfrac{\mu_{n-p}^2}{\rho}$ ). La forme (26) serait donc décomposable en plus de $n-p$ carrés indépendants, ce qui est absurde.

De là résulte que la forme proposée peut être décomposée en $n-p$ carrés indépendants, dont l'un est $\rho\, y^2$. Il est bon de remarquer que, si elle a tous ses coefficients réels ainsi que $y$ et la forme (23), $\rho$ est nécessairement réel.

**13.** 1ʳᵉ Remarque. — *Supposons que le carré de* y *ne puisse entrer dans aucune décomposition de la forme donnée en* n-p *carrés indépendants, et faisons l'une des substitutions* y $= 0$ :

I. *Lorsque* p *est différent de zéro, il peut arriver que la forme obtenue soit elle-même décomposable en* n-p *carrés indépendants.*

Soit, par exemple :

$$(a_1 x_1 + a_2 x_2 + a_3 x_3)^2 + (a'_1 x_1 + a'_2 x_2 + a'_3 x_3)^2,$$

où le déterminant $\begin{vmatrix} a_1 & a_2 \\ a'_1 & a'_2 \end{vmatrix}$ est différent de zéro (ici $n = 3$, et $p = 1$). Faisons $y = x_3 = o$, nous avons une somme de $2 = n\text{-}p$ carrés indépendants.

II. *Lorsque* p$=o$, *la forme obtenue est nécessairement décomposable en moins de* n *carrés indépendants.*

En effet, elle contient au plus $n\text{-}1$ variables, donc ne peut être décomposée en $n$ carrés indépendants.

III. p *étant différent de zéro ou nul, si la forme obtenue n'est pas décomposable en* n-p *carrés indépendants, elle l'est nécessairement en* n-p-2.

En effet, elle ne peut l'être en $n\text{-}p\text{-}1$, puisque par hypothèse le carré de $y$ n'entre dans aucune décomposition en carrés indépendants de la forme proposée. De plus, elle ne peut l'être en moins de $n\text{-}p\text{-}2$, car alors la proposée pourrait s'écrire :

$$a_1 t_1^2 + \ldots\ldots + a_{n\text{-}p\text{-}2\text{-}q} t^2_{n\text{-}p\text{-}2\text{-}q} + y \cdot u,$$

($q$ étant différent de zéro), et dès lors serait décomposable en moins de $n\text{-}p$ carrés indépendants.

2ᵉ REMARQUE.—*Supposons que la forme proposée ait ses coefficients réels, ainsi que y, et que l'on considère seulement les décompositions en carrés de formes linéaires à coefficients réels :*

I. *Lorsque le carré de y peut entrer dans quelque décomposition en* n-p *carrés indépendants, les signes* + *et* — *des* n-p-1 *carrés restants sont respectivement en mêmes nombres que les signes* + *et* — *des* n-p-1 *carrés obtenus par la substitution* y = o.

En effet, nous savons que, ces derniers étant

$$a_1 t_1^2 + \ldots\ldots + a_{n\text{-}p\text{-}1} t_{n\text{-}p\text{-}1}^2,$$

la forme proposée peut s'écrire :

$$\frac{1}{a_1}(a_1 t_1 + \mu_1 y)^2 + \ldots + \frac{1}{a_{n\text{-}p\text{-}1}}(a_{n\text{-}p\text{-}1} t_{n\text{-}p\text{-}1} + \mu_{n\text{-}p\text{-}1} y)^2 + \rho y^2.$$

II. *Si la substitution* y = o *donne une forme décomposable en* n-p *carrés indépendants, les signes* + *et* — *des* n-p *carrés de la forme proposée sont respectivement en mêmes nombres que les signes* + *et* — *des* n-p *carrés de la forme obtenue.*

Soit : $\quad a_1 z_1^2 + \ldots\ldots + a_{n\text{-}p} z_{n\text{-}p}^2$

la forme proposée, décomposée en carrés indépendants.

Effectuant la substitution (20) dans chacun des *n-p* termes, il vient :

$$a_1 (t_1 + \mu_1 y)^2 + \ldots\ldots + a_{n\text{-}p} (t_{n\text{-}p} + \mu_{n\text{-}p} y)^2,$$

$(t_1, t_2, \ldots\ldots, t_{n\text{-}p}$ étant des formes linéaires en $x_1, \ldots, x_{n\text{-}1})$; puis, faisant $y = o$ :

$$a_1 t_1^2 + \ldots\ldots + a_{n\text{-}p}\, t_{n\text{-}p}^2,$$

ce qui démontre la proposition.


III. *Si la substitution* y = o *donne une forme décomposable en* n-p-2 *carrés indépendants, la forme proposée peut évidemment se décomposer en* n-p-2 *carrés, plus le produit de deux fonctions linéaires* (n'ayant pas leurs coefficients proportionnels ). — 1° *De quelque manière qu'on effectue cette dernière décomposition, les signes* + *et* — *des* n-p-2 *carrés sont toujours en mêmes nombres ;* 2° *ils sont en mêmes nombres respectivement que les signes* + *et* — *des* n-p-2 *carrés de la forme obtenue par la substitution* y = o.

La première partie se déduit immédiatement du n° **9**, si l'on remarque que la décomposition en carrés d'un produit de deux fonctions linéaires donne deux carrés précédés de signes contraires.

Maintenant, soit $a_1 t_1^2 + \ldots + a_{n\text{-}p\text{-}2}\, t_{n\text{-}p\text{-}2}^2$ la forme obtenue par l'une des substitutions $y = o$. La proposée peut s'écrire :

$$a_1 t_1^2 + \ldots\ldots + a_{n\text{-}p\text{-}2}\, t_{n\text{-}p\text{-}2}^2 + y \cdot u,$$

$u$ étant une fonction linéaire, ce qui démontre la seconde partie.

**14.** On appelle *hessien* d'une forme quadratique $f(x_1, x_2, \ldots, x_n)$ (et en général d'une fonction quelconque de $n$ variables) le déterminant suivant formé avec les dérivées partielles du second ordre :

$$\begin{vmatrix} \dfrac{d^2 f}{d x_1^2} & \dfrac{d^2 f}{d x_1\, d x_2} & \cdots\cdots & \dfrac{d^2 f}{d x_1\, d x_n} \\[2ex] \dfrac{d^2 f}{d x_2\, d x_1} & \dfrac{d^2 f}{d x_2^2} & \cdots\cdots & \dfrac{d^2 f}{d x_2\, d x_n} \\[1ex] \vdots & \vdots & & \vdots \\[1ex] \dfrac{d^2 f}{d x_n\, d x_1} & \dfrac{d^2 f}{d x_n\, d x_2} & \cdots\cdots & \dfrac{d^2 f}{d x_n^2} \end{vmatrix}$$

Comme $\dfrac{d^2 f}{d x_i\, d x_k} = \dfrac{d^2 f}{d x_k\, d x_i}$, le hessien est un déterminant symétrique.

*Caractères pour reconnaître le nombre des carrés indépendants en lesquels une forme quadratique est décomposable.*

Théorème. — *Pour qu'une forme quadratique à* n *variables soit décomposable en* n-p *carrés indépendants, il faut et il suffit que le hessien et ses mineurs jusqu'à la classe* p-1 *inclusivement soient tous nuls, mais que l'un au moins des mineurs de classe* p *soit différent de zéro* (*).

(*) Étant donné un déterminant d'ordre $n$, nous appellerons mineur de classe $p$, ou d'ordre $n-p$, un mineur obtenu en supprimant $p$ lignes et $p$ colonnes.

Soit une forme quadratique

$$a_1\, y_1^2 + a_2\, y_2^2 + \ldots\ldots + a_{n\text{-}p}\, y_{n\text{-}p}^2,$$

où $a_1$, $a_2$, ..., $a_{n\text{-}p}$ sont des constantes non nulles, et $y_1$, $y_2$, ..., $y_{n\text{-}p}$ des formes linéaires linéairement indépendantes :

$$(27) \quad \begin{cases} y_1 = b_{1,1}\, x_1 + b_{1,2}\, x_2 + \ldots + b_{1,n}\, x_n \\ y_2 = b_{2,1}\, x_1 + b_{2,2}\, x_2 + \ldots + b_{2,n}\, x_n \\ \quad\cdot \\ \quad\cdot \\ \quad\cdot \\ y_{n\text{-}p} = b_{n\text{-}p,1}\, x_1 + b_{n\text{-}p,2}\, x_2 + \ldots + b_{n\text{-}p,n}\, x_n\,. \end{cases}$$

Le théorème des fonctions composées donne :

$$\frac{1}{2}\,\frac{d^2 f}{d x_i\, d x_k} = a_1\, b_{1,i}\, b_{1,k} + a_2\, b_{2,i}\, b_{2,k} + \ldots + a_{n\text{-}p}\, b_{n\text{-}p,i}\, b_{n\text{-}p,k}\,;$$

le hessien a donc pour valeur (au facteur $2^n$ près) :

$$(28)\quad \begin{vmatrix} a_1 b_{1,1}^2 + a_2 b_{2,1}^2 + \ldots + a_{n\text{-}p} b_{n\text{-}p,1}^2 & a_1 b_{1,1} b_{1,2} + a_2 b_{2,1} b_{2,2} + \ldots + a_{n\text{-}p} b_{n\text{-}p,1} b_{n\text{-}p,2}, \text{etc}\ldots & a_1 b_{1,1} b_{1,n} + a_2 b_{2,1} b_{2,n} + \ldots + a_{n\text{-}p} b_{n\text{-}p,1} b_{n\text{-}p,n} \\ a_1 b_{1,2} b_{1,1} + a_2 b_{2,2} b_{2,1} + \ldots + a_{n\text{-}p} b_{n\text{-}p,2} b_{n\text{-}p,1} & a_1 b_{1,2}^2 + a_2 b_{2,2}^2 + \ldots + a_{n\text{-}p} b_{n\text{-}p,2}^2, & \text{etc}\ldots\ a_1 b_{1,2} b_{1,n} + a_2 b_{2,2} b_{2,n} + \ldots + a_{n\text{-}p} b_{n\text{-}p,2} b_{n\text{-}p,n} \\ \vdots & \vdots & \vdots \\ a_1 b_{1,n} b_{1,1} + a_2 b_{2,n} b_{2,1} + \ldots + a_{n\text{-}p} b_{n\text{-}p,n} b_{n\text{-}p,1} & a_1 b_{1,n} b_{1,2} + a_2 b_{2,n} b_{2,2} + \ldots + a_{n\text{-}p} b_{n\text{-}p,n} b_{n\text{-}p,2}, \text{etc}\ldots & a_1 b_{1,n}^2 + a_2 b_{2,n}^2 + \ldots + a_{n\text{-}p} b_{n\text{-}p,n}^2 \end{vmatrix}$$

et les mineurs du hessien ne diffèrent de même des mineurs du déterminant (28) que par un facteur numérique égal à une puissance de 2.

I. Dans le déterminant (28), les mineurs de classe inférieure à $p$ sont tous nuls.

Considérons, en effet, un mineur quelconque de classe $q$ (inférieure, égale ou supérieure à $p$). Les éléments de ce mineur étant des polynomes composés de $n$-$p$ termes, on peut le décomposer en une somme de $(n$-$p)^{n$-$q}$ déterminants ayant tous pour éléments des monomes. Or, les $n$-$q$ sous-colonnes formées par les premiers termes des $n$-$q$ colonnes du mineur ont leurs éléments proportionnels; il en est de même des $n$-$q$ sous-colonnes formées par les seconds termes, etc... Si donc on suppose $q < p$, c'est-à-dire $n$-$q > n$-$p$, le mineur de classe $q$ contient plus de colonnes que chacun de ses éléments ne contient de termes, et dès lors chacun des $(n$-$p)^{n$-$q}$ déterminants partiels a au moins deux colonnes à éléments proportionnels, par suite est nul.

II. Dans le déterminant (28), les mineurs de classe $p$ ne sont pas tous nuls.

Considérons le mineur de classe $p + r$ ($r$ étant supérieur ou égal à zéro) formé avec les lignes de rangs $i_1, i_2, \ldots, i_{n$-$p$-$r}$, et les colonnes de rangs $k_1, k_2, \ldots, k_{n$-$p$-$r}$, savoir :

$$(29) \quad \begin{vmatrix} a_1 b_{1,i_1} b_{1,k_1} + a_2 b_{2,i_1} b_{2,k_1} + \ldots + a_{n\text{-}p} b_{n\text{-}p,i_1} b_{n\text{-}p,k_1} & \text{etc...} & a_1 b_{1,i_1} b_{1,k_{n\text{-}p\text{-}r}} + a_2 b_{2,i_1} b_{2,k_{n\text{-}p\text{-}r}} + \ldots + a_{n\text{-}p} b_{n\text{-}p,i_1} b_{n\text{-}p,k_{n\text{-}p\text{-}r}} \\ \vdots & & \vdots \\ a_1 b_{1,i_{n\text{-}p\text{-}r}} b_{1,k_1} + a_2 b_{2,i_{n\text{-}p\text{-}r}} b_{2,k_1} + \ldots + a_{n\text{-}p} b_{n\text{-}p,i_{n\text{-}p\text{-}r}} b_{n\text{-}p,k_1} & \text{etc...} & a_1 b_{1,i_{n\text{-}p\text{-}r}} b_{1,k_{n\text{-}p\text{-}r}} + a_2 b_{2,i_{n\text{-}p\text{-}r}} b_{2,k_{n\text{-}p\text{-}r}} + \ldots + a_{n\text{-}p} b_{n\text{-}p,i_{n\text{-}p\text{-}r}} b_{n\text{-}p,k_{n\text{-}p\text{-}r}} \end{vmatrix}$$

On peut le décomposer, comme nous savons, en

une somme de $(n\text{-}p)^{n\text{-}p\text{-}r}$ déterminants n'ayant pour éléments que des monomes. Un certain nombre de ceux-ci sont nuls comme ayant des colonnes à éléments proportionnels, et on ne peut obtenir de déterminants partiels différents de zéro qu'en prenant respectivement dans les $n\text{-}p\text{-}r$ colonnes de (29) $n\text{-}p\text{-}r$ sous-colonnes dont les rangs soient tous différents. Ces derniers se répartissent naturellement en un certain nombre de groupes correspondant aux diverses combinaisons $n\text{-}p\text{-}r$ à $n\text{-}p\text{-}r$ des lettres $a_1$, $a_2$, ..., $a_{n\text{-}p}$. Soit $a_{\lambda_1}$, $a_{\lambda_2}$, ..., $a_{\lambda_{n\text{-}p\text{-}r}}$ l'une de ces combinaisons ; le groupe de déterminants qui y correspond contiendra en facteurs $a_{\lambda_1} a_{\lambda_2} \ldots a_{\lambda_{n\text{-}p\text{-}r}}$, et le multiplicateur sera une fonction des $b$ que l'on obtiendra aisément en faisant dans (29) $a_{\lambda_1} = a_{\lambda_2} = \ldots = a_{\lambda_{n\text{-}p\text{-}r}} = 1$, et en remplaçant toutes les autres lettres $a$ par zéro. Or, cette fonction des $b$ n'est autre que le produit des deux déterminants obtenus en prenant dans le tableau des $b$ les lignes de rangs $\lambda_1$, $\lambda_2$, ..., $\lambda_{n\text{-}p\text{-}r}$, d'abord avec les colonnes de rangs $i_1$, $i_2$, ..., $i_{n\text{-}p\text{-}r}$, puis avec les colonnes de rangs $k_1$, $k_2$, ..., $k_{n\text{-}p\text{-}r}$.

Donc Règle : *On considère dans les formules (27) les deux tableaux formés respectivement avec les colonnes de rangs* $i_1$, $i_2$, ..., $i_{n\text{-}p\text{-}r}$, *et les colonnes de rangs* $k_1$, $k_2$, ..., $k_{n\text{-}p\text{-}r}$ *( chacun de ces tableaux contient* $n\text{-}p$ *lignes et* $n\text{-}p\text{-}r$ *colonnes). Soit* $\lambda_1$, $\lambda_2$, ..., $\lambda_{n\text{-}p\text{-}r}$ *une combinaison quelconque des* $n\text{-}p$ *lignes* $n\text{-}p\text{-}r$ *à* $n\text{-}p\text{-}r$ ; *on prend dans chacun des deux tableaux le déterminant d'ordre* $n\text{-}p\text{-}r$

*qui correspond à cette combinaison, et on multi-*
*plie leur produit par* $a\lambda_1\, a\lambda_2 \ldots a\lambda_{n\text{-}p\text{-}r}$. *La somme*
*des produits ainsi obtenus, lorsqu'on considère*
*successivement toutes les combinaisons des* n-p
*lignes* n-p-r *à* n-p-r, *est égale au mineur de classe*
p$+$r *du hessien formé avec les lignes de rangs*
$i_1, i_2, \ldots, i_{n\text{-}p\text{-}r}$, *et les colonnes de rangs* $k_1, k_2, \ldots,$
$k_{n\text{-}p\text{-}r}$.

Appliquons cette règle aux mineurs *symétriques*
de classe $p$ du hessien. L'un d'eux est égal au
produit de $a_1\, a_2 \ldots a_{n\text{-}p}$ par le carré d'un déterminant d'ordre $n\text{-}p$ formé dans le tableau des $b$ (le
déterminant formé avec les colonnes de mêmes
rangs que les lignes ou colonnes du mineur symétrique considéré). Or, $y_1, y_2, \ldots, y_{n\text{-}p}$ étant
linéairement indépendants, ces déterminants ne
sont pas tous nuls. Donc les mineurs symétriques
de classe $p$ du hessien ne le sont pas tous.


CAS REMARQUABLES. — *Pour qu'une forme qua-*
*dratique à* n *variables soit décomposable en* n
*carrés indépendants, il faut et il suffit que le*
*hessien soit différent de zéro.*

*Pour qu'elle se réduise à un seul carré, il faut et*
*il suffit que ses dérivées partielles du premier ordre*
*par rapport aux différentes variables aient deux à*
*deux leurs coefficients proportionnels.* En effet, il
faut et il suffit que les mineurs du hessien formés
avec deux lignes et deux colonnes soient tous nuls,
c'est-à-dire que deux lignes quelconques aient
leurs éléments proportionnels. Or, pour une forme

quadratique, les éléments des diverses lignes sont les coefficients des dérivées partielles du premier ordre par rapport aux diverses variables.

**15.** D'après ce qui précède, *un mineur symétrique de classe* p *du hessien est différent de zéro ou nul, suivant que, dans le tableau des* b, *le déterminant d'ordre* n-p *formé avec les colonnes de mêmes rangs est lui-même différent de zéro ou nul.*

**16.** Théorème. — *Étant donnée une forme quadratique à coefficients réels décomposable en* n-p *carrés indépendants :*

1° *Dans le hessien, tous les mineurs symétriques de classe* p *différents de zéro ont le même signe ;*

2° *Ce signe ne change pas lorsqu'on effectue la substitution à coefficients réels indiquée au n°* **10.**

Soit

$$a_1 y_1^2 + \ldots\ldots + a_{n\text{-}p} y_{n\text{-}p}^2$$

la forme donnée. Tout mineur symétrique de classe $p$, étant égal au produit de $a_1 \ldots a_{n\text{-}p}$ par le carré d'un déterminant d'ordre $n\text{-}p$ (n° **14**), est nécessairement de même signe que $a_1 \ldots a_{n\text{-}p}$ (n° **9**), lorsqu'il est différent de zéro. La seconde partie de la proposition se déduit immédiatement du n° **10.**

Remarque. — n-p *étant pair :*

1° *Le signe des mineurs symétriques de classe* p *ne change pas lorsqu'on multiplie la forme donnée par une constante positive ou négative ;*

2° *Le nombre des carrés précédés soit du signe +, soit du signe — est pair ou impair, suivant que les mineurs symétriques de classe* p *(non nuls à la fois) sont positifs ou négatifs.*

**17**. Théorème. — *Étant donnée une forme quadratique à coefficients réels, décomposable en* n-p *carrés indépendants tous précédés du même signe :*

1° *Les mineurs symétriques du hessien différents de zéro et d'ordres impairs* (*) *sont positifs ou négatifs, suivant que les carrés sont précédés du signe* + *ou du signe* — *; les mineurs symétriques différents de zéro et d'ordres pairs sont positifs ;*

2° *Un mineur symétrique est nécessairement différent de zéro, lorsqu'il fait partie d'un mineur symétrique différent de zéro.*

1° Soit

$$a_1 y_1^2 + \ldots\ldots + a_{n\text{-}p}\, y_{n\text{-}p}^2$$

une décomposition de la forme donnée, $a_1, \ldots, a_{n\text{-}p}$ étant des constantes toutes de même signe, et $y_1, \ldots y_{n\text{-}p}$ des formes linéaires linéairement indépendantes définies par les formules (27). Soit $R_h$ un mineur symétrique d'ordre $h$ du hessien, $h$ étant inférieur ou au plus égal à $n\text{-}p$. On sait (n° **14**, II, Règle) que

$$(30)\quad R_h = \Sigma\, a_{\lambda_1} a_{\lambda_2} \ldots a_{\lambda_h} \left[ \Delta \genfrac{}{}{0pt}{}{(R_h)}{(\lambda_1,\,\lambda_2,\,\ldots,\,\lambda_h)} \right]^2,$$

(*) Voir la note de la page 34.

$\lambda_1, \lambda_2, \ldots, \lambda_h$ étant une combinaison quelconque $h$ à $h$ des indices $1, 2, \ldots, n-p$, et $\Delta^{(R_h)}_{(\lambda_1, \lambda_2, \ldots, \lambda_h)}$ désignant le déterminant que l'on obtient en associant dans le tableau des $b$ les $h$ colonnes qui correspondent au mineur symétrique $R_h$ avec les lignes $\lambda_1, \lambda_2, \ldots, \lambda_h$. Lorsque $h$ est impair, chacun des produits $a_{\lambda_1} a_{\lambda_2} \ldots a_{\lambda_h}$ étant de même signe que les $a$, $R_h$ ne peut être de signe contraire aux $a$ ; lorsque $h$ est pair, chacun de ces produits étant positif, $R_h$ ne peut être négatif.

$2^o$ Supposons que le mineur symétrique $R_h$ fasse partie d'un mineur d'ordre $q$, $R_q$, différent de zéro ($h < q \leq n-p$) : il faut démontrer que $R_h$ est lui-même différent de zéro. En effet, supposons $R_h = o$ : chacun des déterminants $\Delta^{(R_h)}_{(\lambda_1, \lambda_2, \ldots, \lambda_h)}$ est alors nul en vertu de l'égalité (30), puisque les produits $a_{\lambda_1} a_{\lambda_2} \ldots a_{\lambda_h}$ sont tous de même signe. Or, considérons dans les formules (27) le tableau formé par les coefficients des $q$ variables correspondant au mineur symétrique $R_q$, tableau qui contient également les coefficients des $h$ variables correspondant à $R_h$ : tous les déterminants d'ordre $h$ formés avec ces $h$ dernières colonnes étant nuls, tous les déterminants d'ordre $q$ formés avec les coefficients des $q$ variables sont nuls également, d'où, en vertu d'une égalité analogue à (30), $R_q = o$, ce qui est contre l'hypothèse.

**18.** Théorème. — *Réciproquement, étant donnée*

*une forme quadratique à coefficients réels décomposable en n-p carrés indépendants, si dans un mineur symétrique du hessien d'ordre n-p et différent de zéro (par exemple celui que l'on forme avec les n-p premières lignes et colonnes), les sous-mineurs symétriques suivants*

$$\left| a_{1,1} \right|, \quad \left| \begin{matrix} a_{1,1} & a_{1,2} \\ a_{2,1} & a_{2,2} \end{matrix} \right|, \quad \left| \begin{matrix} a_{1,1} & a_{1,2} & a_{1,3} \\ a_{2,1} & a_{2,2} & a_{2,3} \\ a_{3,1} & a_{3,2} & a_{3,3} \end{matrix} \right|, \ldots, \quad \left| \begin{matrix} a_{1,1} & a_{1,2} & \ldots & a_{1,n\text{-}p} \\ & & & \\ a_{n\text{-}p,1} & a_{n\text{-}p,2} & \ldots & a_{n\text{-}p,n\text{-}p} \end{matrix} \right|,$$

*sont tous différents de zéro (*), ceux des ordres impairs étant tous de même signe, ceux des ordres pairs tous positifs ; les n-p carrés sont tous précédés du même signe ( + ou −, suivant que les sous-mineurs symétriques des ordres impairs sont positifs ou négatifs).*

Puisque $a_{1,1}$ est différent de zéro, la forme proposée peut s'écrire ( n° **4** ) :

$$\frac{1}{a_{1,1}} ( a_{1,1}\, x_1 + a_{1,2}\, x_2 + \ldots + a_{1,n}\, x_n )^2 - \frac{1}{a_{1,1}} ( a_{1,2}\, x_2 + \ldots + a_{1,n}\, x_n )^2$$

$$+\, a_{2,2}\, x_2^2 + \ldots + a_{n,n}\, x_n^2 + 2\, a_{2,3}\, x_2\, x_3 + \ldots + 2\, a_{i,k}\, x_i\, x_k + \ldots$$

Dans la forme quadratique obtenue en supprimant le premier terme $\dfrac{1}{a_{1,1}} (a_{1,1}\, x_1 + \ldots + a_{1,n}\, x_n)^2$,

<hr>

(*) Voir la notation adoptée au n° **4** avec la convention $a_{i,k} = a_{k,i}$. — Dans chacun de ces sous-mineurs, on a supprimé un facteur positif égal à une puissance de 2.

et qui ne contient plus la variable $x_1$, le coefficient de $x_i^2$ est (on le calcule aisément) $\dfrac{1}{a_{1,1}} \begin{vmatrix} a_{1,1} & a_{1,i} \\ a_{i,1} & a_{i,i} \end{vmatrix}$,

et celui de $x_i\, x_k$ est $\dfrac{2}{a_{1,1}} \begin{vmatrix} a_{1,1} & a_{1,k} \\ a_{i,1} & a_{i,k} \end{vmatrix}$. Puisque, d'après l'hypothèse, $\dfrac{1}{a_{1,1}} \begin{vmatrix} a_{1,1} & a_{1,2} \\ a_{2,1} & a_{2,2} \end{vmatrix}$, coefficient de $x_2^2$ dans la forme restante, est différent de zéro, on peut, en répétant un calcul analogue, obtenir un nouveau carré précédé du coefficient $\dfrac{1}{a_{1,1} \begin{vmatrix} a_{1,1} & a_{1,2} \\ a_{2,1} & a_{2,2} \end{vmatrix}}$,

et dans la nouvelle forme quadratique obtenue en faisant abstraction de ce carré, on verra que le coefficient de $x_i^2$ est $\dfrac{1}{\begin{vmatrix} a_{1,1} & a_{1,2} \\ a_{2,1} & a_{2,2} \end{vmatrix}} \times \begin{vmatrix} a_{1,1} & a_{1,2} & a_{1,i} \\ a_{2,1} & a_{2,2} & a_{2,i} \\ a_{i,1} & a_{i,2} & a_{i,i} \end{vmatrix}$, et

celui de $x_i\, x_k$, $\dfrac{2}{\begin{vmatrix} a_{1,1} & a_{1,2} \\ a_{2,1} & a_{2,2} \end{vmatrix}} \begin{vmatrix} a_{1,1} & a_{1,2} & a_{1,k} \\ a_{2,1} & a_{2,2} & a_{2,k} \\ a_{i,1} & a_{i,2} & a_{i,k} \end{vmatrix}$.

En répétant une troisième fois le même calcul, on obtiendra un troisième carré précédé du coefficient

$$\dfrac{1}{\begin{vmatrix} a_{1,1} & a_{1,2} \\ a_{2,1} & a_{2,2} \end{vmatrix} \begin{vmatrix} a_{1,1} & a_{1,2} & a_{1,2} \\ a_{2,1} & a_{2,2} & a_{2,3} \\ a_{3,1} & a_{3,2} & a_{3,3} \end{vmatrix}},$$

et ainsi de suite. Il est facile de généraliser cette

loi en s'appuyant sur les propriétés des déterminants, et le théorème devient alors évident.


**19.** *Quelques propriétés des déterminants symétriques.*

Des propriétés des formes quadratiques on peut
déduire un certain nombre de propriétés des
déterminants symétriques. Remarquons, en effet,
que tout déterminant symétrique d'ordre $n$, dans
lequel tous les mineurs sont nuls jusqu'à la classe
$p$ exclusivement, peut être considéré comme le
hessien d'une forme quadratique à $n$ variables
décomposable en $n-p$ carrés indépendants, et
ayant pour coefficients (*) les moitiés des éléments
de ce déterminant symétrique. Soit dès lors :

$$a_1 y_1^2 + \ldots\ldots + a_{n-p} y_{n-p}^2$$

une décomposition en carrés de cette forme, les
$y$ étant donnés par les formules (27) : le déterminant symétrique proposé et ses mineurs sont
égaux, à une puissance de 2 près, au déterminant
(28) et à ses mineurs.


THÉORÈME I. — *Dans un déterminant symétrique
d'ordre* n, *quand tous les mineurs de classe* p-1
*sont nuls, ainsi qu'un mineur symétrique de classe*

______

(*) Nous appelons ici coefficients d'une forme quadratique
les quantités $a_{i,i}$, $a_{i,k}$, qui figurent dans la notation adoptée
au nº 4.

p : *est nul également tout mineur de classe* p *obtenu en prenant* n-p *colonnes quelconques et les* n-p *lignes qui entrent dans le précédent (ou inversement).*

En effet, si tous les mineurs de classe $p$ sont nuls, le théorème est évident. Sinon, le déterminant symétrique peut être considéré, ainsi qu'il vient d'être dit, comme le hessien d'une forme quadratique décomposable en $n-p$ carrés indépendants, et, à une puissance de 2 près, le déterminant et ses mineurs sont égaux respectivement à (28) et à ses mineurs. Or (n° **14**) le mineur symétrique de classe $p$ dont il est question dans l'énoncé est égal au produit de $a_1\, a_2 \ldots a_{n-p}$ par le carré du déterminant des $n-p$ variables qui lui correspondent dans le tableau (27) : ce dernier déterminant est donc nul. Par suite (n° **14**) est nul aussi tout mineur de classe $p$ obtenu en prenant avec les $n-p$ mêmes lignes $n-p$ colonnes quelconques (ou inversement).

CorollAIRE. — *Dans un déterminant symétrique d'ordre* n, *quand tous les mineurs de classe* p-1 *sont nuls, ainsi que tous les mineurs symétriques de classe* p, *tous les mineurs de classe* p *sont nuls.*

Théorème II. — *Dans un déterminant symétrique d'ordre* n *à éléments réels, lorsque tous les mineurs de classe* p-1 *sont nuls, tous les mineurs symétriques de classe* p *différents de zéro ont le même signe.*

On suppose que les mineurs symétriques de classe $p$ ne sont pas tous nuls, et par suite le déterminant peut être considéré comme le hessien d'une forme quadratique à coefficients réels décomposable en $n\text{-}p$ carrés indépendants. Il suffit alors de se reporter au n° **16**.

CLASSIFICATION DES LIGNES DU SECOND ORDRE.

**20.** Dans l'équation d'une ligne du second ordre

$$(31) \quad f(x,y,z) = Ax^2 + 2\,Bxy + Cy^2 + 2\,Dxz + 2\,Eyz + Fz^2 = 0,$$

l'ensemble des termes du second degré en $x$ et $y$,

$$(32) \quad \varphi(x,y) = Ax^2 + 2\,Bxy + Cy^2,$$

est une forme quadratique à deux variables : nous désignerons par $\Delta$ le déterminant $\begin{vmatrix} A & B \\ B & C \end{vmatrix} = AC\text{-}B^2$, hessien de la forme (32) (au facteur $2^2$ près). On peut avoir :

1° $\Delta$ différent de zéro : $\varphi(x,y)$ est alors décomposable en une somme algébrique de deux carrés indépendants, qui sont précédés du même signe ou de signes contraires, suivant que $\Delta$ est positif ou négatif (n° **16**, REMARQUE, 2°);

2° $\Delta$ nul, mais A et C non nuls à la fois : $\varphi(x, y)$ est alors carré parfait;

3° Tous les éléments de $\Delta$ nuls à la fois : $\varphi(x, y)$

est alors identiquement nul (la droite de l'infini $z = o$ fait partie de la ligne $f(x, y, z) = o$).

Ces distinctions, indépendantes des facteurs positifs ou négatifs par lesquels on peut multiplier (31), ne dépendent pas non plus des axes de coordonnées ; car les formules de la transformation étant :

$$x = m_1\, x' + n_1\, y' + p_1\, z$$
$$y = m_2\, x' + n_2\, y' + p_2\, z,$$

faire $z = o$ dans l'équation déduite de (31) par cette transformation revient à transformer $\varphi(x, y)$ par les formules :

$$x = m_1\, x' + n_1\, y'$$
$$y = m_2\, x' + n_2\, y',$$

et, comme le déterminant $\begin{vmatrix} m_1 & n_1 \\ m_2 & n_2 \end{vmatrix}$ est différent de zéro, il suffit de se reporter au n° **10**.

**21.** Les lignes représentées par (31) peuvent se diviser tout d'abord en trois catégories, suivant que le premier membre de l'équation est décomposable en un, deux ou trois carrés indépendants : cette division est indépendante des facteurs positifs ou négatifs par lesquels on peut multiplier l'équation, et des axes de cordonnées (n° **10**).

**22.** Premier Cas.—*Le premier membre de l'équation est décomposable en une somme algébrique de trois carrés indépendants.*

La condition nécessaire et suffisante pour qu'il en soit ainsi est que le hessien

$$H = \begin{vmatrix} A & B & D \\ B & C & E \\ D & E & F \end{vmatrix}$$

soit différent de zéro.

Cela étant, nous supposerons successivement $\Delta$ différent de zéro, et $\Delta$ nul.

I. $\Delta$ est différent de zéro.

$\varphi(x, y)$ étant décomposable en une somme algébrique de deux carrés indépendants (n° **20**), le carré $z^2$ peut entrer dans quelque décomposition de $f(x, y, z)$ en carrés indépendants (n° **12**), et dans toutes les décompositions en carrés indépendants contenant $z^2$, le coefficient de ce carré est invariable (n° **8**) et réel (n° **12**). Soit :

$$(33) \qquad a\,\mathrm{x}^2 + b\,\beta^2 + c\,z^2 = o,$$

l'une de ces décompositions, $\alpha$, $\beta$ et $z$ étant linéairement indépendants, c'est-à-dire les droites $\alpha = o$, $\beta = o$ se coupant en un point unique à distance finie. Les deux premiers carrés sont précédés du même signe ou de signes contraires, suivant que $\varphi(x, y)$ est décomposable en une somme de deux carrés précédés du même signe ou de signes contraires (n° **13**, 2ᵉ Remarque, I), c'est-à-dire suivant que $\Delta$ est positif ou négatif (n° **20**).

Supposons d'abord $\Delta$ positif (d'après le n° **17**, 2°, ni A ni C ne peuvent être nuls dans ce cas). Le carré $z^2$ est précédé du même signe que les deux premiers ou du signe contraire (distinction indépendante, etc...), suivant que les mineurs symétriques d'ordres impairs A et H sont de même signe ou de signes contraires ( n°ˢ **17** et **18** ), c'est-à-dire suivant que A H est positif ou négatif. — Si A H est positif, l'équation (31) ne fournit pas de point réel (*); car $a$, $b$, $c$ étant de même signe, il est nécessaire, pour que l'équation (33) soit vérifiée par des valeurs réelles des variables, que $\alpha = \beta = z = o$, c'est-à-dire que $x = y = z = o$. On convient de dire qu'elle représente une *ellipse imaginaire*. — Si A H est négatif, $c$ étant de signe contraire à $a$ et $b$, l'équation fournit évidemment des points réels, et la courbe qu'elle représente se nomme *ellipse réelle*, ou simplement *ellipse*.

Supposons, en second lieu, $\Delta$ négatif. Dans cette hypothèse, les deux carrés autres que $z^2$ sont précédés de signes contraires, et la courbe représentée par l'équation se nomme *hyperbole*.

En prenant pour axes de coordonnées les droites $\alpha = o$, $\beta = o$, les équations des trois courbes se ramènent respectivement aux formes :

$$\frac{x^2}{p^2} + \frac{y^2}{q^2} + z^2 = o$$

$$\frac{x^2}{p^2} + \frac{y^2}{q^2} - z^2 = o$$

$$\frac{x^2}{p^2} - \frac{y^2}{q^2} - z^2 = o.$$

(*) On appelle *point*, en coordonnées homogènes, un système de valeurs de $x, y, z$ *non nulles à la fois*.

II. $\Delta$ est nul.

$\varphi(x, y)$ étant carré parfait (n° **20**), le carré $z^2$ ne peut entrer dans aucune décomposition de $f(x, y, z)$ en carrés indépendants (n° **12**), et l'équation peut se mettre sous la forme

$$a\,\alpha^2 + \beta\,z = 0,$$

$\alpha$, $\beta$, $z$ étant linéairement indépendants. Par une transformation de coordonnées, elle devient :

$$y^2 - 2p\,x\,z = 0.$$

La courbe qu'elle représente se nomme *parabole.*

**23.** Deuxième Cas. — *Le premier membre de l'équation est décomposable en une somme algébrique de deux carrés.*

La condition nécessaire est suffisante pour qu'il en soit ainsi est que H soit nul, les mineurs symétriques de première classe n'étant pas tous nuls.

L'équation représente dans ce cas un système de *deux droites distinctes ;* car elle peut s'écrire :

$$\alpha^2 - \beta^2 = 0 \quad \text{ou} \quad \alpha^2 + \beta^2 = 0,$$

c'est-à-dire :

$$(\alpha - \beta)(\alpha + \beta) = 0 \quad \text{ou} \quad (\alpha - \beta i)(\alpha + \beta i) = 0,$$

et comme les formes linéaires $\alpha$ et $\beta$ des variables $x$, $y$, $z$ sont linéairement indépendantes, il en est de même ( n° **2** ) des formes $\alpha + \beta$ et $\alpha - \beta$ dans le premier cas, des formes $\alpha + \beta i$ et $\alpha - \beta i$ dans le second.

Le point d'intersection des deux droites, déterminé par les équations $\alpha = o$, $\beta = o$, est à distance finie ou infinie, suivant que, dans les formes $\alpha$ et $\beta$, le déterminant du second ordre formé avec les coefficients des variables $x$ et $y$ est différent de zéro ou nul, c'est-à-dire ( n° **15** ) suivant que, dans le hessien H, le mineur symétrique de première classe $\Delta$, qui correspond aux deux mêmes variables, est lui-même différent de zéro ou nul.

Enfin, les deux droites sont réelles ou imaginaires conjuguées, suivant que les carrés sont précédés de signes contraires ou du même signe ( distinction indépendante, etc...), c'est-à-dire ( n° **16**, Remarque, 2°) suivant que les mineurs symétriques de première classe du hessien, non nuls à la fois, sont négatifs ou positifs.

En égalant à zéro $\varphi\ (x, y)$ (dans le cas où A, B, C ne sont pas nuls à la fois, c'est-à-dire où la droite de l'infini n'est pas une des droites du couple), on obtient deux droites respectivement parallèles aux précédentes, menées par l'origine des coordonnées.

**24.** Troisième Cas. — *Le premier membre de l'équation est carré parfait.*

En vertu du n° **14**, combiné avec une propriété des déterminants (*), les conditions nécessaires et

(*) Cette propriété s'énonce ainsi : *Dans un déterminant*

suffisantes pour qu'il en soit ainsi sont que, l'un des éléments de la diagonale principale du hessien étant différent de zéro, les mineurs du second ordre obtenus en bordant cet élément soient tous nuls. Par exemple si, dans le déterminant H, l'élément A est différent de zéro, on devra avoir :

$$A\,C - B^2 = A\,F - D^2 = A\,E - B\,D = o.$$

L'équation (31) représente alors une *droite double*. En égalant à zéro $\varphi\,(x, y)$ (dans le cas où A, B, C ne sont pas nuls à la fois, c'est-à-dire où la droite double n'est pas celle de l'infini), on obtient une droite double parallèle menée par l'origine des coordonnées.

**25.** Remarques. — I. Supposons l'équation d'une ellipse ou d'une hyperbole ramenée à la forme

$$a\,\alpha^2 + b\,\beta^2 + c\,z^2 = o.$$

L'équation $a\,\alpha^2 + b\,\beta^2 = o$ représente un système de droites se coupant en un point unique à distance finie, et appelées *asymptotes ;* ces droites sont imaginaires conjuguées pour l'ellipse, réelles

*quelconque, lorsqu'un mineur de classe k est différent de zéro, et que les mineurs de classe k-1 obtenus en bordant ce dernier sont nuls, tous les mineurs de classe k-1 sans exception sont nuls. Elle a été donnée par M. Charles Méray (voir la note de la page 7).*

pour l'hyperbole. L'équation $\varphi(x, y) = 0$ représente des parallèles à ces droites menées par l'origine des coordonnées.

II. Supposons l'équation d'une parabole ramenée à la forme

$$\alpha x^2 + \beta z = 0.$$

La droite $\alpha = 0$ a une direction fixe; car, en faisant $z = 0$ dans l'équation, on obtient $\varphi(x, y) = 0$ (c'est la direction des diamètres).

### CLASSIFICATION DES SURFACES DU SECOND ORDRE.

**26.** Dans l'équation d'une surface du second ordre

$$(34) \quad f(x, y, z, t) = A x^2 + A' y^2 + A'' z^2 + 2 B y z + 2 B' z x + 2 B'' x y + 2 C x t + 2 C' y t + 2 C'' z t + D t^2 = 0,$$

l'ensemble des termes du second degré en $x, y, z$,

$$(35) \quad \varphi(x, y, z) = A x^2 + A' y^2 + A'' z^2 + 2 B y z + 2 B' z x + 2 B'' x y$$

est une forme quadratique à trois variables. Nous désignerons par $\Delta$ le déterminant

$$\begin{vmatrix} A & B'' & B' \\ B'' & A' & B \\ B' & B & A'' \end{vmatrix},$$

hessien de la forme (35) (au facteur $2^3$ près). On peut avoir :

1° $\Delta$ différent de zéro : $\varphi(x, y, z)$ est alors décomposable en une somme algébrique de trois carrés indépendants qui peuvent, ou bien être tous précédés du même signe, ou bien ne l'être pas tous. Les conditions nécessaires et suffisantes pour que les trois carrés soient précédés du même signe sont $A\,A' - B''^2 > o$ et $A\,\Delta > o$ ( n°ˢ **17** et **18** ).

2° $\Delta$ nul, mais les mineurs symétriques de première classe non nuls à la fois : $\varphi(x, y, z)$ est alors décomposable en une somme algébrique de deux carrés indépendants, qui sont précédés du même signe ou de signes contraires, suivant que les mineurs symétriques de première classe, non nuls à la fois, sont positifs ou négatifs ( n° **16**, Remarque, 2° ).

3° $\Delta$ nul, ainsi que tous les mineurs symétriques de première classe, mais les éléments de la diagonale principale non nuls à la fois : $\varphi(x, y, z)$ est alors carré parfait ( non identiquement nul ).

4° Tous les éléments de $\Delta$ nuls à la fois : $\varphi(x, y, z)$ est alors identiquement nul ( le plan de l'infini $t = o$ fait partie de la surface ).

Ces distinctions, indépendantes des facteurs positifs ou négatifs par lesquels on peut multiplier (34), ne dépendent pas non plus des axes de coordonnées (la démonstration est analogue à celle du n° **20** ).


**27**. Les surfaces représentées par l'équation (34) peuvent se diviser tout d'abord en quatre catégories, suivant que le premier membre est décomposable en un, deux, trois ou quatre carrés indépendants : cette division est indépendante des facteurs positifs ou négatifs par lesquels on peut multiplier (34), ainsi que des axes de coordonnées ( n° **10** ).

**28.** PREMIER CAS. — *Le premier membre de l'équation est décomposable en une somme algébrique de quatre carrés indépendants.*

La condition nécessaire et suffisante pour qu'il en soit ainsi est que le hessien

$$
H = \begin{vmatrix} A & B'' & B' & C \\ B'' & A' & B & C' \\ B' & B & A'' & C'' \\ C & C' & C'' & D \end{vmatrix}
$$

soit différent de zéro.

Cela étant, nous supposerons successivement $\Delta$ différent de zéro, et $\Delta$ nul.

I. $\Delta$ est différent de zéro.

$\varphi(x, y, z)$ étant décomposable en une somme algébrique de trois carrés indépendants (n° **26**), le carré $t^2$ peut entrer dans quelque décomposition de $f(x, y, z, t)$ en carrés indépendants (n° **12**), et dans toutes les décompositions en carrés indépendants contenant $t^2$, le coefficient de ce carré est invariable (n° **8**) et réel (n° **12**). Soit :

$$
(36) \qquad a\alpha^2 + b\beta^2 + c\gamma^2 + dt^2 = 0
$$

l'une de ces décompositions, $\alpha$, $\beta$, $\gamma$ et $t$ étant linéairement indépendants, c'est-à-dire les plans $\alpha=0$, $\beta=0$, $\gamma=0$ se coupant en un point unique à distance finie.

Les trois premiers carrés sont précédés des mêmes signes que les trois carrés de $\varphi(x, y, z)$ (n° **13**, 2° Remarque, I). Supposons d'abord que ceux-ci soient tous précédés du même signe ($AA'-B''^2$ positif et $A\Delta$ positif). Le carré $t^2$ est précédé du même signe que les trois premiers ou du signe contraire (distinction indépendante, etc.), suivant que H est positif ou négatif (n° **16**, Remarque, 2°). — Si H est positif, l'équation (34) ne fournit pas de point réel : car $a$, $b$, $c$, $d$ étant de même signe, il est nécessaire, pour que l'équation (36) soit vérifiée par des valeurs réelles des variables, que $\alpha=\beta=\gamma=t=0$, c'est-à-dire que $x=y=z=t=0$. On convient de dire qu'elle représente un *ellipsoïde imaginaire*. - Si H est négatif, $d$ étant le signe contraire à $a$, $b$ et $c$, l'équation fournit évidemment des points réels, et la surface qu'elle représente se nomme *ellipsoïde réel*, ou simplement *ellipsoïde*.

Supposons en second lieu que les trois carrés de $\varphi(x, y, z)$, et par suite les trois premiers carrés de (36), ne soient pas tous précédés du même signe. Le carré $dt^2$ est alors de signe contraire à deux des trois premiers, ou de même signe, suivant que H est positif ou négatif (n° **16**, Remarque, 2°), et les deux surfaces correspondantes se nomment *hyperboloïde à une nappe* et *hyperboloïde à deux nappes*.

En prenant pour plans de coordonnées les trois plans $\alpha=o$, $\beta=o$, $\gamma=o$, les équations des quatre surfaces se ramènent respectivement aux formes :

$$\frac{x^2}{p^2} + \frac{y^2}{q^2} + \frac{z^2}{r^2} + t^2 = 0$$

$$\frac{x^2}{p^2} + \frac{y^2}{q^2} + \frac{z^2}{r^2} - t^2 = 0$$

$$\frac{x^2}{p^2} + \frac{y^2}{q^2} - \frac{z^2}{r^2} - t^2 = 0$$

$$\frac{x^2}{p^2} + \frac{y^2}{q^2} - \frac{z^2}{r^2} + t^2 = 0$$

II. $\Delta$ est nul.

Les mineurs de première classe de $\Delta$ ne sont pas tous nuls ; car, s'ils l'étaient, H le serait aussi; $\varphi(x, y, z)$ étant décomposable en une somme algébrique de deux carrés indépendants (n° **26**), le carré $t^2$ ne peut entrer dans aucune décomposition de $f(x, y, z, t)$ en carrés indépendants, et l'équation peut se mettre sous la forme :

$$(37) \qquad a x^2 + b \beta^2 + \gamma t = 0,$$

$\alpha$, $\beta$, $\gamma$, $t$ étant linéairement indépendants. Comme le produit $\gamma t$ donne deux carrés précédés de signes contraires, les deux premiers $a x^2$, $b \beta^2$ sont de même signe entre eux ou de signes contraires, suivant que H est négatif ou positif ( n° **16**, Remarque, 2°). La surface représentée par l'équation s'appelle, dans le premier cas *paraboloïde elliptique*, dans le second cas *paraboloïde hyperbolique*.

Par une transformation de coordonnées, les

équations des deux surfaces se ramènent respectivement aux formes :

$$\frac{x^2}{p} + \frac{y^2}{q} - 2zt = 0,$$

$$\frac{x^2}{p} - \frac{y^2}{q} - 2zt = 0,$$

$p$ et $q$ étant positifs.

**29.** DEUXIÈME CAS. — *Le premier membre de l'équation est décomposable en une somme algébrique de trois carrés indépendants.*

La condition nécessaire et suffisante pour qu'il en soit ainsi est que H soit nul, les mineurs symétriques de première classe n'étant pas tous nuls.

L'équation (34) représente un cône ou un cylindre, suivant que, dans les trois formes linéaires indépendantes obtenues par la décomposition, le déterminant formé avec les coefficients des variables $x$, $y$, $z$ est différent de zéro ou nul, c'est-à-dire (n° **15**) suivant que le mineur symétrique de première classe $\Delta$ est lui-même différent de zéro ou nul.

I. $\Delta$ est différent de zéro.

Le *cône* est *imaginaire* ou *réel*, suivant que les trois carrés sont ou ne sont pas précédés du même signe. Les conditions nécessaires et suffisantes pour que le cône soit imaginaire sont donc :

$$A A' - B''^2 > o \text{ et } A \Delta > o$$

( n°ˢ **17** et **18** ).

Par une transformation de coordonnées, les équations des deux surfaces se ramènent respectivement aux formes :

$$\frac{x^2}{p^2} + \frac{y^2}{q^2} + \frac{z^2}{r^2} = 0,$$

$$\frac{x^2}{p^2} + \frac{y^2}{q^2} - \frac{z^2}{r^2} = 0.$$

L'équation $\varphi\,(x,\,y,\,z) = 0$ représente un cône parallèle à $f\,(x,\,y,\,z,\,t) = 0$, ayant son sommet à l'origine.

II. $\Delta$ est nul.

Nous distinguerons deux cas, suivant que les mineurs symétriques de première classe de $\Delta$ ne sont pas tous nuls ou le sont tous :

1° Les mineurs symétriques de première classe de $\Delta$ ne sont pas tous nuls, par exemple
$$\begin{vmatrix} A & B'' \\ B'' & A' \end{vmatrix} = A\,A' - B''^2 \text{ est différent de zéro.}$$

Dès lors, $h = \begin{vmatrix} A & B'' & C \\ B'' & A' & C' \\ C & C' & D \end{vmatrix}$

est différent de zéro ; car si H, $\Delta$ et $h$ étaient nuls à la fois, en combinant le théorème I du n° **19** avec une propriété des déterminants énoncée plus haut ( note de la page 51 ), on voit facilement que les mineurs de première classe de H seraient tous nuls, ce qui est contre l'hypothèse.

$\varphi\,(x,\,y,\,z)$ étant décomposable en une somme

algébrique de deux carrés indépendants ( n° **26** ), le carré $t^2$ peut entrer dans quelque décomposition de $f(x, y, z, t)$ en carrés indépendants ( n° **12** ), et dans toutes les décompositions en carrés indépendants contenant $t^2$, le coefficient de ce carré est invariable ( n° **8** ) et réel ( n° **12** ). Soit

$$(38) \qquad a\,\alpha^2 + b\,\beta^2 + c\,t^2 = o,$$

l'une de ces décompositions, $\alpha$, $\beta$ et $t$ étant linéairement indépendants, c'est-à-dire les plans $\alpha = o$, $\beta = o$ se coupant suivant une droite unique à distance finie. Les deux premiers carrés sont précédés du même signe ou de signes contraires, suivant que $\varphi(x, y, z)$, est décomposable en une somme de deux carrés précédés du même signe ou de signes contraires ( n° **13**, 2° Remarque, I), c'est-à-dire suivant que $A A' - B''^2$ est positif ou négatif ( n° **26** ).

Supposons d'abord $A A' - B''^2$ positif ( d'après le n° **17**, 2°, ni A ni A' ne peuvent être nuls dans ce cas ). Le carré $t^2$ est précédé du même signe que les deux premiers ou du signe contraire, suivant que A et $h$ sont de même signe ou de signes contraires ( n°ˢ **17** et **18** ), c'est-à-dire suivant que $A h$ est positif ou négatif. La surface se nomme, dans le premier cas, *cylindre elliptique imaginaire;* dans le second cas, *cylindre elliptique réel* ou simplement *cylindre elliptique.*

Supposons, en second lieu, $A A' - B''^2$ négatif : dans cette hypothèse, les deux carrés autres que $t_2$

sont précédés de signes contraires, et la surface se nomme *cylindre hyperbolique* (*).

En prenant pour plans de coordonnées les deux plans $\alpha = o$, $\beta = o$ avec un troisième plan quelconque, les équations des trois cylindres se ramènent respectivement aux formes :

$$\frac{x^2}{p^2} + \frac{y^2}{q^2} + t^2 = o,$$

$$\frac{x^2}{p^2} + \frac{y^2}{q^2} - t^2 = o,$$

$$\frac{x^2}{p^2} - \frac{y^2}{q^2} - t^2 = o.$$

2° Les mineurs symétriques de première classe de $\Delta$ sont tous nuls.

$\varphi(x, y, z)$ étant carré parfait, le carré $t^2$ ne peut entrer dans aucune décomposition de $f(x, y, z, t)$ en carrés indépendants, et l'équation (34) peut être mise sous la forme

$$\alpha x^2 + \beta t = o,$$

$\alpha$, $\beta$, $t$ étant linéairement indépendants. La surface se nomme *cylindre parabolique* (**).

---

(*) Il est facile de voir que la section par le plan $z = o$ est, suivant le cas où l'on se trouve placé dans la discussion, une ellipse imaginaire, une ellipse réelle ou une hyperbole.

(**) Les mineurs symétriques de première classe autres que $\Delta$ n'étant pas tous nuls, supposons par exemple $h$ différent de zéro. La section par le plan $z = o$ est une parabole.

Par une transformation de coordonnées, l'équation se ramène à la forme

$$x^2 - 2q\,y\,t = 0.$$

**30.** Troisième Cas. — *Le premier membre de l'équation est décomposable en une somme algébrique de deux carrés indépendants.*

Les conditions nécessaires et suffisantes pour qu'il en soit ainsi sont que, l'un des mineurs symétriques de seconde classe du hessien étant différent de zéro, les mineurs de première classe obtenus en bordant ce dernier soient tous nuls.

Par exemple, si $\begin{vmatrix} A & B'' \\ B'' & A' \end{vmatrix}$ est différent de zéro,

on devra avoir :

$$\begin{vmatrix} A & B'' & B' \\ B'' & A' & B \\ B' & B & A'' \end{vmatrix} = \begin{vmatrix} A & B'' & C \\ B'' & A' & C' \\ C & C' & D \end{vmatrix} = \begin{vmatrix} A & B'' & C \\ B'' & A' & C' \\ B' & B & C'' \end{vmatrix} = 0.$$

L'équation représente dans ce cas un système de *deux plans distincts ;* car elle peut s'écrire :

$$\alpha^2 - \beta^2 = 0 \quad \text{ou} \quad \alpha^2 + \beta^2 = 0,$$

c'est-à-dire :

$$(\alpha + \beta)(\alpha - \beta) = 0 \quad \text{ou} \quad (\alpha + \beta i)(\alpha - \beta i) = 0,$$

et, comme $\alpha$ et $\beta$ sont linéairement indépendants, il en est de même (n° **2**) de $\alpha + \beta$ et $\alpha - \beta$ dans le premier cas, de $\alpha + \beta i$ et $\alpha - \beta i$ dans le second.

La droite d'intersection des deux plans, déterminée par les équations $\alpha = o$, $\beta = o$, est à distance finie ou infinie suivant que, dans $\alpha$ et $\beta$, les déterminants du second ordre formés avec les coefficients des variables $x$, $y$, $z$ sont non nuls à la fois ou nuls à la fois, c'est-à-dire (n° **15**) suivant que dans le hessien H les mineurs symétriques du second ordre correspondant aux variables $x$, $y$, $z$ $(A'A'' - B^2, A''A - B'^2, AA' - B''^2)$ sont eux-mêmes non nuls à la fois ou nuls à la fois.

Enfin, les deux plans sont réels ou imaginaires conjugués, suivant que les carrés sont précédés de signes contraires ou du même signe, c'est-à-dire (n° **16**, REMARQUE, 2°) suivant que les mineurs symétriques de seconde classe du hessien, non nuls à la fois, sont négatifs ou positifs.

L'équation $\varphi\,(x, y, z) = o$ (dans le cas où les éléments de $\Delta$ ne sont pas tous nuls, c'est-à-dire où $t = o$ n'est pas un des plans du couple) représente un système de plans respectivement parallèles aux précédents, menés par l'origine.


**31.** QUATRIÈME CAS. — *Le premier membre de l'équation est carré parfait.*

Les conditions nécessaires et suffisantes pour qu'il en soit ainsi sont que, l'un des éléments de la diagonale principale du hessien étant différent de zéro, les mineurs du second ordre obtenus en bordant cet élément soient tous nuls. Par exemple, si l'élément A est différent de zéro, on devra avoir :

$$AA' - B''^2 = AA'' - B'^2 = AD - C^2 = AB - B'B'' =$$
$$= AC' - CB'' = AC'' - CB' = o.$$

L'équation (34) représente alors un *plan double*.

L'équation $\varphi\,(x,\,y,\,z) = o$ (dans le cas où les éléments de $\Delta$ ne sont pas tous nuls, c'est-à-dire où le plan double n'est pas $t = o$) représente un plan double parallèle mené par l'origine.

**32.** REMARQUES. — I. Supposons l'équation d'un ellipsoïde ou d'un hyperboloïde ramenée à la forme

$$a x^2 + b \beta^2 + c \gamma^2 + d t^2 = o.$$

L'équation $a x^2 + b \beta^2 + c \gamma^2 = o$ représente un cône appelé *cône asymptote*, imaginaire pour un ellipsoïde, réel pour un hyperboloïde. L'équation $\varphi\,(x,\,y,\,z) = o$ représente un cône parallèle ayant pour sommet l'origine.

II. Supposons l'équation d'un paraboloïde ramenée à la forme

$$a x^2 + b \beta^2 + \gamma t = o.$$

L'équation $a x^2 + b \beta^2 = o$ représente un système de

deux plans se coupant suivant une droite unique
à distance finie, et parallèles respectivement à
deux plans fixes : car, en faisant $t = o$ dans l'équation de la surface ; on obtient $\varphi (x, y, z) = o$. Ces
plans, nommés *plans directeurs*, sont imaginaires
conjugués pour le paraboloïde elliptique, réels
pour le paraboloïde hyperbolique.

III. Supposons l'équation d'un cylindre elliptique ou hyperbolique ramenée à la forme

$$ax^2 + b\beta^2 + ct^2 = o.$$

L'équation $ax^2 + b\beta^2 = o$ représente un système de
deux plans se coupant suivant une droite unique
à distance finie et appelés *plans asymptotes*. Ces
plans sont imaginaires conjugués pour un cylindre
elliptique, réels pour un cylindre hyperbolique.
L'équation $\varphi (x, y, z) = o$ représente un système
de plans respectivement parallèles aux précédents,
menés par l'origine.

IV. Supposons l'équation d'un cylindre parabolique ramenée à la forme

$$ax^2 + \beta t = o.$$

Le plan $a = o$ est parallèle à un plan fixe ; car, en
faisant $t = o$ dans l'équation de la surface, on
trouve $\varphi (x, y, z) = o$ (c'est la direction des plans
diamétraux).

**33.** Soit, comme exemple, à reconnaître la surface représentée par l'équation :

$$ax^2 + by^2 + cz^2 + 2ayz + 2bzx + 2cxy - t^2 = 0.$$

On a :
$$\mathrm{H} = \begin{vmatrix} a & c & b & o \\ c & b & a & o \\ b & a & c & o \\ o & o & o & -1 \end{vmatrix},$$

d'où $\mathrm{H} = - \Delta = a^3 + b^3 + c^3 - 3abc$
$$= (a + b + c)\,(a^2 + b^2 + c^2 - bc - ca - ab).$$

Remarquons que, dans ce dernier produit, le second facteur est toujours positif, sauf dans le cas particulier $a = b = c$, où il est nul.

I. $a + b + c$ est différent de zéro.

Si les quantités $a$, $b$, $c$ ne sont pas toutes égales entre elles, $\Delta$ est différent de zéro, et ses trois mineurs symétriques de première classe, $bc - a^2$, $ca - b^2$, $ab - c^2$, ne peuvent être tous trois positifs, puisque leur somme est négative : donc $(x, y, z)$ est décomposable en trois carrés qui ne sont pas tous précédés du même signe (n° **17**). De plus, H est différent de zéro et a le signe de $a + b + c$. Donc (n° **28,** I) la surface proposée est un hyperboloïde à une ou à deux nappes, suivant que $a + b + c$ est positif ou négatif.

Si l'on a $a = b = c$, les éléments de $\Delta$ étant tous égaux, H est nul, ainsi que tous ses mineurs de première classe ; mais ses mineurs de seconde classe ne sont pas tous nuls , par exemple

$$\begin{vmatrix} a & o \\ o & -1 \end{vmatrix} = -a.$$ De plus, $\Delta$ est nul, ainsi que tous ses mineurs de première classe. Donc (n° **30**), l'équation représente un système de plans parallèles, qui sont réels ou imaginaires conjugués, suivant que $a$ est positif ou négatif.

II. $a + b + c$ est nul.

Si l'on n'a pas $a = b = c$, les mineurs de première classe de $\Delta$ ne sont pas tous nuls, et, parmi eux, ceux qui sont différents de zéro sont négatifs, puisque leur somme est négative (n° **16**, 1°). D'ailleurs, les mineurs symétriques de première classe de II, autres que $\Delta$, ne sont pas tous nuls. Donc (n° **29**, II, 1°) la surface proposée est un cylindre hyperbolique.

Si l'on a $a = b = c = o$, l'équation se réduit à $k = o$.

# ERRATA.

———

Page 13, ligne 2, en remontant, *après les mots* par exemple $a_{1,2}$, *ajoutez les mots* et en même temps $a_{1,1} = a_{2,2} = 0$.

Page 24, ligne 3, en descendant, *au lieu de* ses, *lisez* les.

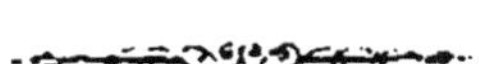

Caen, Typ. F. Le Blanc-Hardel.

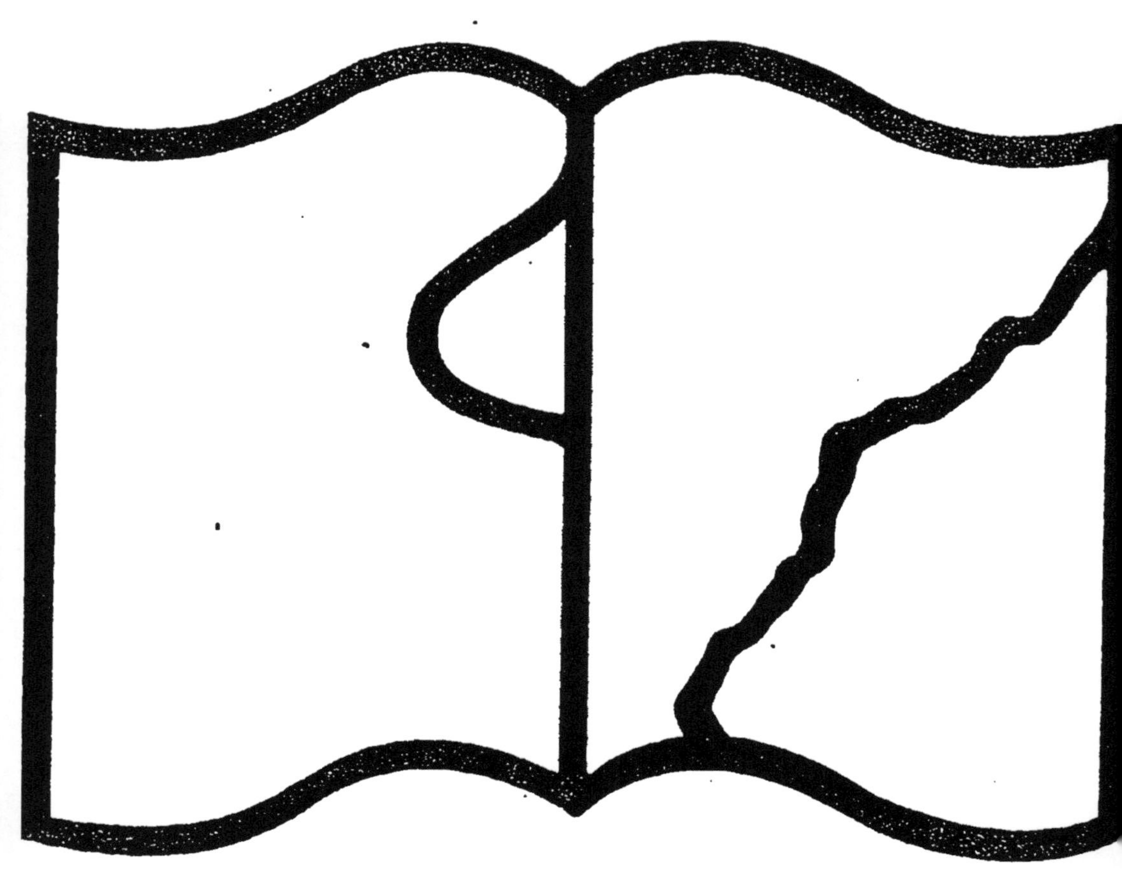

9 782013 474573